Hammad Ahmad Jan
Sameen Jan

Estudo Fitoquímico e Antimicrobiano da Casca de Eucalyptus Camadulensis

Hammad Ahmad Jan
Sameen Jan

Estudo Fitoquímico e Antimicrobiano da Casca de Eucalyptus Camadulensis

ScienciaScripts

Imprint
Any brand names and product names mentioned in this book are subject to trademark, brand or patent protection and are trademarks or registered trademarks of their respective holders. The use of brand names, product names, common names, trade names, product descriptions etc. even without a particular marking in this work is in no way to be construed to mean that such names may be regarded as unrestricted in respect of trademark and brand protection legislation and could thus be used by anyone.

Cover image: www.ingimage.com

This book is a translation from the original published under ISBN 978-620-2-06357-9.

Publisher:
Sciencia Scripts
is a trademark of
Dodo Books Indian Ocean Ltd. and OmniScriptum S.R.L publishing group

120 High Road, East Finchley, London, N2 9ED, United Kingdom
Str. Armeneasca 28/1, office 1, Chisinau MD-2012, Republic of Moldova, Europe
Printed at: see last page
ISBN: 978-620-7-77816-4

CAPÍTULO 1 INTRODUÇÃO

Os medicamentos que "são obtidos a partir de plantas tornaram-se parte do sistema de cuidados de saúde em várias regiões do mundo e, atualmente, as plantas são consideradas" como um agente valioso contra doenças causadas por micróbios (Natarajan *et al.,* 2005). As plantas medicinais, devido aos seus componentes contra-activos, são utilizadas há milhares de anos para tratar doenças humanas (Jamine *et al.*, 2007).

A maioria das pessoas no mundo depende de plantas e extractos de plantas para tratar diferentes doenças. O avanço da resistência dos micróbios aos antibióticos levou as pessoas a explorar a atividade antimicrobiana das plantas (Elizabeth, 2005). Existem diferentes relatórios que revelaram a resistência produzida por microrganismos contra antibióticos (Singh *et al.,* 1992; Piddock e Wise, 1989; Davis, 1994; Mulligen *et al.,* 1993; Robin *et al.,* 1998).

As diferentes pesquisas para explorar a atividade antimicrobiana de plantas (Ngwendson *et al.,* 2003), óleos essenciais (Alma *et al.,* 2003, Maria *et al.*, 2008) ou metabolitos, tais como alcalóides (Klausmeyer *et al*, 2004, Vanessa *et al.,* 2008), lactonas sesquiterpénicas (Lin *et al.*, 2003), triterpenos (Machado *et al.,* 2003), flavonóides (Sohn *et al.*, 2004), diterpenos (Siegfried *et al.*, 2006).

Os compostos derivados de plantas revelaram as suas actividades fisiológicas e também farmacológicas, o que levou ao fabrico de um medicamento mais anunciador com uma toxicidade reduzida (Ebana *et al.*, 1991). Os componentes activos das plantas conferem-lhes defesa e eficácia muito avançadas em relação aos seus compostos vigorosos não adulterados (Shariff, 2001).

O eucalipto pertence à ordem Myrtales e à família Myrtaceae. É constituído por 700 espécies de árvores e arbustos de folha perene. *O eucalipto* é habitante da Austrália, da Tasmânia e das ilhas vizinhas, mas encontra-se em regiões subtropicais do mundo (Adeniyi *et al.,* 2006).

As espécies de *eucalipto* também estão presentes no Paquistão (Zahid & Ahmad, 2002). *O eucalipto* pode desenvolver-se em qualquer tipo de solo e clima (Gupta *et al.*, 1990). Tem uma copa cónica meticulosa, menos sombra e um sistema radicular distinto (Sun & Dickinson, 1995; Hunter, 2001

No presente trabalho de investigação, *o Eucalyptus camaldulensis* foi selecionado para o estudo. O rastreio fitoquímico do extrato bruto da espécie de *eucalipto* revelou a existência de saponina, glicosídeos de saponina, esteróides, glicosídeos cardíacos, taninos, óleos voláteis, fenóis e bálsamo (goma) (Babayi *et al.*, 2004). Foi referido que o *Eucalyptus camaldulensis* contém fitoquímicos como óleos essenciais, esteróis, alcalóides, glicosídeos, flavonóides, taninos e fenóis (Duke e Wain, 1981).

CLASSIFICAÇÃO TAXONÓMICA de *Eucalyptus camaldulensis*

ReinoPlantae
Superdivisão Spermatophyta
Divisão Magnoliophyta
ClasseMagnoliopsida

Subclasse	Rosídeos
	EncomendarMyrtales
Família	Myrtaceae
Género	*Eucalipto*
Espécies	*camaldulensis*

valor medicinal do *eucalipto camaldulensis*

O óleo essencial de *Eucalyptus camaldulensis* tem propriedades pesticidas, nematicidas, insecticidas (Pattanaik *et al*., 2002) e anti-sépticas (Inouye *et al*., 2001; Chao e Young, 1998). É utilizada como medicamento para doenças pulmonares, dores de garganta, infecções bacterianas, respiratórias e do trato urinário, enquanto o óleo volátil actua como expetorante (Adeniyi *et al*., 2006). O óleo das folhas serve para limpeza, desodorização e em muito pouca quantidade em suplementos alimentares, especialmente doces, rebuçados para a tosse e descongestionantes (Schulz *et al*., 1998). Os medicamentos obtidos a partir do *eucalipto* também são utilizados contra resfriado, asma, tosse, diarréia e disenteria, hemorragia, laringalgia, laringite, dor de garganta, espasmo, traquejo e vermífugo (Duke e Wain, 1981). O *Eucalyptus camaldulensis* também possui actividades antimicrobianas (Akin-Osanaiye *et al*., 2007; Mehraban *et al*., 2005; Pattanaik *et al*., 2002).

FITOQUÍMICOS

Os compostos bioactivos das plantas são responsáveis pelo seu valor medicinal e geram efeitos explícitos no ser humano. Os mais importantes são os alcalóides, os flavonóides, os taninos e os compostos fenólicos (Edeoga *et al*, 2005).

Oloyede, (2005) examinou os fitoquímicos e os produtos químicos da *Carica papaya.* Os fitoquímicos encontrados foram saponinas e cardenolídeos, enquanto os químicos presentes foram potássio, sódio, cálcio, ferro, fósforo, zinco, cobre, magnésio e manganês. A polpa também continha amido (43,28%), açúcares (15,15%), proteína bruta (13,63%), gordura bruta (1,29%), humidade (10,65%) e fibra (1,88%).

Edeoga, (2005) investigou os fitoquímicos em *Cleome nutidosperma, Emilia coccinea, Euphorbia heterophylla, Physalis angulata, Richardia bransitensis, Scopania dulcis, Sida acuta, Spigelia anthelmia, Stachytarpheta cayennensis* e *Tridax procumbens*. Os fitoquímicos encontrados foram alcalóides, taninos, saponinas, esteróides, terpenóides, flavonóides, flobatanina e glicosídeo cárdico. Todas as plantas contêm alcalóides, taninos e flavonóides, mas os taninos estavam ausentes em *S. acuta* e os flavonóides em *S. cayennsis*.

Os flavonóides são fenóis naturais que possuem efeitos anti-inflamatórios, antialérgicos, antitrombóticos e vaso-protectores (Ogunleye e Ibitoye, 2003; Finnermore *et al*, 1988). Os alcalóides têm actividades analgésicas, anti-espasmódicas e antibacterianas (Okwu, 2004). Coolborn e Bolatito, (2010) relataram os fitoquímicos alcalóides e saponinas dos extractos de folhas, casca e raízes de *Senna hirsuta, Landolphia dulcis* e *Daniella oliveri.*

Kumar *et al*, (2010) determinaram os vários extractos da casca do caule de *Bauhinia racemosa* em termos de físico-químicos e fitoquímicos. Foram calculados o valor de cinzas e os valores de extrato. O exame das cinzas revelou que as cinzas totais eram 13,77, as cinzas insolúveis em ácido 0,073 e as cinzas solúveis em água 4,803, enquanto o teor de humidade era 9,84 %. O estudo dos metais pesados revelou que estes se encontravam dentro dos limites aceitáveis. O exame fitoquímico reconheceu a existência de esteróides, flavonóides, alcalóides, cumarinas, triterpenóides, taninos e hidratos de carbono.

Sama e Raja, (2011) determinaram a presença de metabolitos secundários nos extractos de hexano, butanol, metanol e água da casca da raiz de *Delonix regia.* O extrato de água e de metanol revelou a presença da maioria dos compostos. A fitoquímica tornou conhecido que a casca da raiz de *Delonix regia* contém taninos, terpenóides, alcalóides, glicosídeos, hidratos de carbono e esterol.

Veerachari e Bopaiah (2011) analisaram os fitoquímicos alcalóides, taninos, saponinas, antraquinonas, antocianósidos, flavonóides fenólicos, flavonóides, hidratos de carbono, proteínas, esteróides, terpenóides, glicosídeos cardíacos e flobataninos no extrato de folhas de *Cassia spectabilis, Cassia siamea, Cassia fistula, Cassia biflora e Cassia hirsuta.* Todos estes fitoconstituintes estavam presentes nas cinco espécies de *Cassia*, para além de antraquinonas, antocianósidos e flavonóides fenólicos.

Pascaline *et al*, (2011) identificaram os alcalóides, saponinas, antraquinonas, glicosídeos, fenólicos, terpenóides e flavonóides nas folhas e raízes de *Asparagus racemosus, Clutia abbysinica, Clerodendrum myricoides, Ehretia cymosia, Leucas calostachys, Toddalia asiatica, Rubia cordifolia, Spermacoce princeae,Carrisa edulis e Ajuga remota.* Todas as plantas possuem os fitoquímicos alcalóides, terpernoides, saponinas e flavonóides. Mas as saponinas estavam ausentes nos extractos de raízes de R. cordifolia e C.myricoides e os flavonóides não estavam presentes no extrato de folhas de *L. calostachys* e *A. remota*, respetivamente.

Os fenólicos têm atividade antioxidante devido às suas propriedades redox e à perspetiva de quelação de metais (Rice-Evans *et al.*, 1995). Palanisamy *et al,* (2012) efectuaram uma avaliação fitoquímica da planta inteira de *Dipteracanthus prostrates* nees. A investigação fitoquímica revelou a existência de alcalóides, glicosídeos, óleos fixos, gorduras, compostos fenólicos, proteínas, aminoácidos, taninos, gomas, mucilagem, flavonóides e hidratos de carbono.

Edriss *et al*, (2012) investigaram os fitoquímicos da água, éter de petróleo e extrato etanólico de folhas e frutos de *Eucalyptus camaldulensis* e extrato de folhas e sementes de *Ocimum basilicum.* O extrato aquoso revelou a presença de alcalóides e saponinas nas folhas de ambas as plantas, flavonóides nas folhas e sementes de *O. Basilicum* e flavonas e aminoácidos nos frutos de *E. camaldulensis*, os extractos etanólicos revelaram flavonóides e triterpenóides em ambas as plantas, com flavonas, esteróis e aminoácidos nos frutos de *E. camaldulensis*, enquanto os extractos de éter de petróleo contêm triterpenóides e esteróis. Os fitoesteróis reduzem os níveis de colesterol no sangue (Quilez *et al*, 2003) e também protegem contra o cancro do cólon, da mama e da próstata (Rao e Koratkar, 1997; Awad e Fink, 2000).

Testes qualitativos, cromatografia de camada fina (TLC) e TLC-autografia confirmaram a presença de fenóis, taninos e flavonóides. Os compostos presentes na folha de *Eucalyptus camaldulensis* incluem óleo essencial (1 a mais de 2%), ácido betulínico, ácido eucalíptico, ácido eucaliptolóico, ácido oleanólico e ácido ursólico (Siddiqui *et al.*, 1997). Na Nigéria, *o Eucalyptus camaldulensis* e *o Eucalyptus torelliana* são utilizados para tratar perturbações gastrointestinais (Adeniyi *et al.*, 2006).

Na Austrália, as folhas de *eucalipto são utilizadas para curar feridas e infecções microbianas. As investigações revelaram que os extractos obtidos de eucalipto possuem* actividades antibacterianas, anti-hiperglicémicas (Gray e Flatt, 1998) e antioxidantes (Lee e Shibamoto, 2001). Os macrocarpos de *E.macrocarpa* (Yamakoshi *et al.*, 1992) e o grandinol de *E. perriniana* (Nakayama *et al.*, 1990) foram eficazes contra *Staphylococcus aureus*, *Bacillus subtilis*.

Uma pessoa pode ser mais saudável através da ingestão normal de fruta e legumes (Dauchet *et al*, 2004). Os polifenóis encontrados em frutas, legumes, cereais, ervas e especiarias produzem efeitos vantajosos na saúde humana. O polifenol flavonoide tem actividades anticancerígenas, antivirais, antimutagénicas e anti-inflamatórias (Benavente-Garcia *et al*, 1997, Vuorela *et al*, 2005). O flavonoide também protege a planta de microorganismos como vírus, bactérias e fungos (Sohn *et al*, 2004).

METAIS PESADOS

Para além dos nutrientes fundamentais, as plantas medicinais também podem absorver pequenas quantidades de metais pesados. O seu nível varia nas plantas devido às diferenças de espécie, área geográfica e condições do processo de secagem (Robert e Scott, 1998).

Pensa-se geralmente que os medicamentos preparados a partir de plantas medicinais não podem ser letais, mas as investigações tornaram conhecido que as plantas contêm metabolitos tóxicos, bem como metais pesados que são prejudiciais para a saúde de todos os organismos existentes em caso de exposição extensiva (Arpadjan *et al.*, 2008; Itanna, 2002; Lasisi *et al.*, 2006; Obi *et al.*, 2006).

Os metais pesados são implacáveis no meio ambiente e acumulam-se nas cadeias alimentares (OMS 2007). Existem duas grandes categorias de metais pesados: os metais pesados fundamentais e os metais pesados nocivos. Os metais pesados fundamentais são necessários para desempenhar diferentes funções no corpo humano e nas plantas. Tanto o excesso como a deficiência de metais pesados fundamentais são nocivos para a sobrevivência. Os metais nocivos não são necessários ao organismo e criam consequências adversas, embora em concentrações muito reduzidas (Friberg *et al.*, 1986; Abu-Darwish *et al.*, 2009; Islam *et al.*, 2007; Singh e Garg, 2006).

As plantas medicinais contêm substâncias importantes para o metabolismo humano, a prevenção de doenças e a cura (Obianjunwa *et al.*, 2004; Rajurkar e Damame, 1997). Os metais pesados nas plantas são muito essenciais e analisados para o seu controlo de qualidade (Arceusz *et al.*, 2010). Os seus níveis elevados são tóxicos e interferem com a absorção de outros elementos essenciais e os níveis baixos conduzem à insuficiência dos elementos no organismo. A maioria dos metais pesados é vital para o desempenho regular de mamíferos e plantas, como o Zn, o Fe e o Mg (Grodner *et al.*, 2000).

Khan *et al*, (2007) examinaram os metais pesados em *Withania somnifera* e no solo por meio de um espetrofotómetro de absorção atómica. As raízes, o caule, as folhas e os frutos da *W. somnifera* têm uma quantidade de metais pesados equivalente à do solo.

Thiruppathi *et al*, (2010) estudaram os minerais por espetroscopia de absorção atómica e a ação antimicrobiana do sumo de *Aloé Vera* com vários solventes, nomeadamente hexano, acetato de etilo, éter de petróleo e etanol, utilizando o método de difusão em disco contra as bactérias gram positivas *B. subtilis, S. aureus* e as bactérias gram negativas *E. coli, K. pneumoniae e P. aeruginosa*. A zona de inibição dada pelo extrato de acetato de etilo foi de 1 - 9 mm, a do extrato de etanol foi de 7 - 12 mm e a do extrato de éter de petróleo foi de 2 mm.

As plantas absorvem metais pesados do solo, da água ou do ar. (Bin *et al.*, 2001). De um modo geral, o solo pode ser contaminado por metais pesados que são libertados na atmosfera pela extração de metais, fundição e diversas actividades industriais. Outras fontes de poluição do solo são a aplicação de fertilizantes, pesticidas, lamas de depuração, adubos orgânicos (Singh *et al.*, 1997), a precipitação e as poeiras atmosféricas. As plantas absorvem os metais pesados através das raízes e das folhas (Salim *et al.*, 1993).

Kirmani *et al*, (2011) analisaram quantitativamente os metais vestigiais utilizando espetroscopia de absorção atómica e fotometria de chama em oito plantas medicinais diferentes, incluindo *Azadirachta indica*, *Syzygium* aromaticum, *Murraya koenigii*, *Trachyspermum ammi*, *Foeniculum vulgare*, *Brassica oleracea*, *Brassica rapa* e *Pipper nigrum*. O H2SO4 (95%) e o H2O2 (35%) foram utilizados para assimilar plantas medicinais. Foram analisados 9 metais pesados (Cd, Cr, Co, Cu, Fe, Pb, Mn, Ni, e Zn) e 2 metais alcalinos (K e Na). O teor de Pb foi mais elevado, seguido de Ni, Cr, Co e Cd, enquanto Na e K foram considerados muito elevados em todas as amostras.

Hina *et al*, (2011) determinaram os metais pesados Pb, Cd, Cu, Cr, Co, Fe, Ni, Zn em *G. glabra, O. bracteatum, V. odorata, F. vulgare, C. cyminum, C. sativum, e Z. Officinalis* utilizando o espetrofotómetro de absorção atómica. Os metais pesados variam entre Pb 3.26-30.46, Cd 1.6-4.91, Cu 0.65-120.21, Zn 83.74-433.76, Cr 1.61-186.75, Ni 0.48-76.97, Co 5.54-77.97 e Fe 65.68-1652.89 pg/g.

Adongo *et al*, (2012) premeditaram os níveis de Zn, Mg e Fe em oito plantas medicinais utilizando a espetroscopia de absorção atómica de chama (FAAS). Os resultados demonstram que o nível de ferro foi mais elevado nas folhas e no caule de *Vernonia lasiopus*, variando entre 4,77-4,81 ppm, o nível de zinco foi mais elevado nas folhas de *Eucalyptus* saligna, variando entre 0,35-0,37 ppm e 4,18-4,29 ppm nas folhas de *Aloe secundiflora* e o nível de magnésio foi consideravelmente superior em *Aloe secundiflora,* 163,00±1,00 ppm, em contraste com os outros.

Radulescu *et al,* (2012) estudaram os metais pesados em *Matricaria recutita,*

Taraxacum officinale, Achillea millefolium e Hypericum perforatum, utilizando a Espectrometria de Absorção Atómica de Chama (FAAS). Foram analisados sete metais pesados Cd, Cr, Co, Cu, Pb, Ni e Zn em amostras de plantas e nove metais pesados Cd, Cr, Co, Cu, Pb, Fe, Mn, Sn e Zn no solo. A absorção de metais pesados pelas plantas depende das características do solo, como o pH, a salinidade, a condutividade e o teor de matéria orgânica. Estas plantas podem absorver Pb do solo. A concentração de Cr varia entre 0,127 mg/kg e 0,970 mg/kg em todas as plantas. A concentração de zinco varia entre 12,180 mg/kg em *Taraxacum officinale* e 48,976 mg/kg em *Achillea millefolium. Taraxacum officinale* foi capaz de adquirir mais Cd do que *Achillea millefolium, Matricaria recutita e Hypericum perforatum.*

ACTIVIDADES ANTIMICROBIANAS

A ação antimicrobiana das plantas deve-se aos metabolitos nelas existentes, como os fenólicos, que são constituintes dos óleos essenciais (Jansen *et al,* 1978), e os taninos (Saxena *et al*, 1994).Dormans e Deans (2000) estudaram a atividade antibacteriana dos óleos voláteis de *Piper nigrum, Syzygium aromaticum, Pelargonium graveolens*, *Myristica fragrans, Origanum vulgare* e *Thymus vulgaris* L. contra 25 géneros diferentes, incluindo agentes patogénicos animais, agentes patogénicos vegetais e bactérias de envenenamento e deterioração de alimentos. Os óleos voláteis destas plantas revelaram uma atividade antibacteriana notável.

Descobriu-se que o extrato de folhas de *Eucalyptus globulus, Eucalyptus manculate* e *Eucalyptus viminalis* restringe algumas bactérias gram positivas (Takahashi *et al.*, 2004) e também alguns fungos (Essien e Akpan, 2004; Mehraban *et al.*, 2005).

Ahmad e Beg, (2001) estudaram os fitoquímicos e as actividades antimicrobianas de 45 plantas medicinais indianas. As bactérias e os fungos utilizados foram *Staphylococcus aureus*, *Salmonella paratyphi*, *Shigella dysenteriae*, *Escherichia coli*, *Bacillus subtilis* e *Candida albicans*, respetivamente. Os 40 extractos de plantas foram eficazes em relação a uma ou mais bactérias testadas e vinte e quatro plantas exibiram ação em relação à *Candida.* Testes qualitativos, cromatografia em camada fina e TLC-bioautografia de certos extractos confirmaram a existência de fenóis, taninos e flavonóides nestas plantas.

O extrato etanólico da folha de *Eucalyptus camaldulensis* inibe o crescimento de fungos como *Microsporium gypseum e Trichophyton mentagrophytes* (Essien e Akpan, 2004).

Babayi *et al*, (2004) determinaram os fitoquímicos e a atividade antimicrobiana utilizando o método de diluição em ágar do extrato de metanol da folha de *Eucalyptus camaldulensis* e *Terminalia catappa.* A fitoquímica confirmou a presença de saponina, glicosídeos de saponina, esteroide, glicosídeo cardíaco, taninos, óleos voláteis, fenóis e bálsamo (goma). Os extractos de ambas as plantas reprimiram o crescimento de *Bacillus subtilis* e *Staphylococcus aureus* mas não produziram quaisquer efeitos contra *Pseudomonas aeruginosa* e *Salmonella typhi.* A *Escherichia coli* e *a Candida albicans* foram restringidas apenas pela *E.*

camaldulensis. A concentração inibitória mínima (CIM) varia entre 1,25_g/ml e 5_g/ml.

Takahashi *et al,* (2004) investigaram o efeito antimicrobiano do extrato de folhas de *eucalipto* de vinte e seis espécies de *eucalipto* contra seis bactérias gram-positivas *Staphylococcus aureus*, MRSA, *Bacillus cereus*, *Enterococcus faecalis*, *Alicyclobacillus acidoterrestris*, *Propionibacterium acnes*, bactérias gram-negativas *Escherichia coli*, *Pseudomonas putida* e um fungo *Trichophyton mentagrophytes*. Os extractos de *Eucalyptus globulus*, *E. maculata* e *E. viminalis* refrearam consideravelmente o crescimento de bactérias gram-positivas e de um fungo, mas não exibiram uma ação potente contra bactérias gram-negativas. As concentrações inibitórias mínimas (CIM) variam entre 1-0 e 31 mg/ml.

Parvez *et al,* (2005) estudaram o efeito antibacteriano de extractos brutos do rizoma de *Kaempferia galanga* L. Foram utilizadas duas bactérias patogénicas Gram-positivas e três Gram-negativas, *ou seja, Bacillus* sp., *Pseudomonas* sp., *Escherichia coli, Salmonella* sp. e *Shigella sonnei.* O extrato foi preparado em éter de petróleo, acetona e metanol. A zona inibitória produzida pelos três extractos situou-se entre 0-20, 0, 0-15 e 6-11 mm, respetivamente. A concentração inibitória mínima (CIM) dos extractos de metanol e petróleo foi de 2-16 g/ml.

Falahati *et al,* (2005) estudaram a atividade antifúngica de extractos metanólicos de folhas de *Eucalyptus camaldulensis* contra *Microsporum canis*, *Microsporum gypseum*, *Tricophyton rubrum*, *Tricophyton schoenleinii*, *Tricophyton mentagrophytes* e *Epedermophyton floccosum*. O antifúngico padrão utilizado foi a griseofulvina. O extrato mostrou atividade antifúngica com valores de CIM que variaram de 0,4 a 1,6 mg/mL utilizando a avaliação da zona de inibição, 0,4-1,6 mg/mL, processo de diluição em ágar e 0,2 a 1,6 mg/mL utilizando o processo de diluição em caldo. A concentração fungicida mínima (CFM) do extrato varia entre 0,8 e 6,4 mg/mL.

Durmaz *et al,* (2006) examinaram a atividade antibacteriana de *Allium vineale L.*, *Chaerophyllum macropodum Boiss.* e *Prangos ferulacea (L.) Lindl.* em quatro solventes diferentes, incluindo metanol, etanol, *n-hexano* e água, contra *Bacillus cereus*, *Bacillus subtilis*, *Micrococcus luteus*, *Staphylococcus aureus, Escherichia coli*, *Klebsiella pneumoniae*, *Proteus mirabilis*, *Salmonella enteritidis* e *Salmonella typhimurium* através do método de difusão em disco. O extrato metanólico apresentou as actividades antimicrobianas mais elevadas, seguido dos extractos de etanol e *n-hexano*, enquanto o extrato de água destas plantas não apresentou qualquer atividade antibacteriana. A *A.vineala* apresentou uma atividade antibacteriana potente em contraste com as outras duas plantas.

Kubmarawa *et al,* (2007) deliberaram sobre os fitoquímicos e a ação antimicrobiana de extractos de etanol de cinquenta plantas em oposição a *Bacillus subtilis*, *Escherichia coli*, *Staphylococcus aureus*, *Pseudomonas aeruginosa* e *Candida albicans*. Os 28 extractos de plantas inibiram o crescimento de um ou mais agentes patogénicos testados. Os fitoquímicos encontrados foram taninos, saponinas, alcalóides, glicosídeos, flavonóides e óleos essenciais.

Egwaikhide e Gimba (2007) examinaram os fitoquímicos e a atividade antibacteriana de *Plectranthus glandulosus*. Foram utilizados os solventes hexano, acetato de etilo e etanol para a preparação do extrato. A análise fitoquímica deu a conhecer a existência de alcalóides, taninos, antraquinonas, glicosídeos, açúcares redutores, saponinas, flavonóides, phlobataninas, esteróides e terpenóides. O extrato de acetato de etilo de *Plectranthus glandulosis* é eficaz e, por conseguinte, mostrou uma zona de inibição máxima de (26:0 mm) nas concentrações de teste (20 mg mlG1).

Adesokan *et al*, (2007) exploraram a atividade antibacteriana do extrato aquoso da casca do caule de *Enantia chlorantha* contra *Staphylococcus aureus* e *Bacillus substilis, Escherichia coli, Salmonella typhymurium* e *Pseudomonas aeruginosa.* A concentração inibitória mínima (MIC) e a concentração bactericida mínima (MBC) nas bactérias gram-negativas foram consideravelmente mais elevadas do que nas bactérias gram-positivas.

Parekh e Chanda, (2007) estudaram a ação antibacteriana da água e do extrato metanólico de algumas plantas medicinais contra *Bacillus cereus, Staphylococcus aureus, Enterobacter aerogenes, Escherichia coli e Klebsiella pneumonia* através de técnicas de difusão em disco de ágar e de difusão em poço de ágar. Foram utilizados os antibióticos antimicrobianos piperacilina e gentamicina. A planta *Caesalpinia pulcherrima* mostrou uma atividade antibacteriana bem sucedida, enquanto as bactérias *B. cereus* e *K. Pneumonia* foram efetivamente inibidas.

Akinsulire *et al*, (2007) premeditaram a ação antimicrobiana do extrato de folhas de *Bryophyllum pinnatum* e *Kalanchoe crenata* utilizando os métodos de difusão em Agar e de diluição em caldo contra bactérias gram-negativas (*Escherichia coli* ATCC 25922, *Escherichia coli*, *Pseudomonas aeruginosa*, *Klebsiella pneumoniae*, *Shigella flexneri*, *Salmonella paratyphi*, espécie *Citrobacter),* bactérias Gram-positivas *Staphylococcus aureus* ATCC 25213, *Staphylococcus aureus*, *Enterococcus faecalis*, *Bacillus subtilis* e espécies fúngicas (*Candida albicans*). A concentração inibitória mínima (CIM) e a concentração bactericida mínima (CBM) variaram entre 512mg/ml e 4mg/ml. Todos os micróbios, exceto *a Candida albicans,* foram vulneráveis ao extrato.

Usman *et al*, (2007) examinaram os fitoquímicos e a ação antimicrobiana do extrato metanólico de folhas de *Tribulus terrestris* contra *Escherichia coli, Klebsiella* specie, *Pseudomonas aeruginosa, Salmonella typhi, Staphylococcus aureus e Candida albicans* por meio da técnica de difusão em disco em placa de ágar e diluição em caldo nutriente. Os alcalóides, taninos, saponinas e glicosídeos cardíacos estavam presentes. A concentração inibitória mínima (CIM) e a concentração bactericida mínima (CBM) mostraram que o extrato era eficaz contra todos os micróbios testados.

Odunbaku *et al*, (2008) examinaram a ação antibacteriana do extrato de etanol das folhas de *Ficus exasperate* contra *Escherichia coli* e *Staphylococcus albus*. A CIM em oposição à *E. coli* é de 300/ml enquanto a *S. albus* é de 700 mg/ml.

Ghalem e Mohamed, (2008) determinaram as acções antibacterianas do óleo essencial das folhas de *Eucalyptus globulus* e *E. camaldulensis*. As bactérias utilizadas foram *Staphylococcus aureus gram* positivo e *Escherichia coli gram*

negativo. Os três métodos utilizados para determinar a atividade inibitória foram o aromatograma, a microatmosfera e os germes em suspensão.
Islam *et al*, (2008) investigaram a ação antibacteriana de várias plantas utilizando o modo de difusão em disco de ágar contra *Shigella dysenteriae, Salmonella typhi, Salmonella paratyphi, Bacillus subtilis, Bacillus cereus Escherichia coli, Pseudomonas aeruginosa, Staphylococcus aureus, Vibrio cholerae, Bacillus megaterium*. As plantas reprimiram o crescimento de bactérias gram positivas mais fortemente em contraste com bactérias gram negativas.
Ayepola e Adeniyi, (2008) premeditaram os fitoquímicos e a ação antibacteriana do extrato de folhas de *E. camaldulensis* utilizando o método de difusão em ágar contra *Klebsiella spp, Salmonella typhi, Yersinia enterocolitica, Pseudomonas aeruginosa* (Gram-negativa), *Staphylococcus aureus* e *Bacillus subtilis*. Foram utilizados os solventes metanol, diclorometano e éter de petróleo e o antibiótico gentamicina, respetivamente. O metanol e o diclorometano revelaram a maior atividade, enquanto o éter de petróleo não mostrou qualquer atividade. As concentrações inibitórias mínimas (CIM) variaram entre 0,04 e 10 mg mL-1.
A análise fitoquímica deu a conhecer a existência de taninos, saponinas e glicosídeos cardíacos.
Rahman *et al*, (2008) examinaram a ação antibacteriana do óleo de *Ferula assafoetida* em oposição às bactérias gram positivas *Bacillus megaterium, B. subtilis, Lactobacillus acidophilus, Micrococcus luteus, Staphylococcus epidermidis, S. aureus, Vibrio cholerae* e às bactérias gram negativas *Escherichia coli, Salmonella typhi, Shigella flexneri*. Foram utilizados os antibióticos amoxicilina, estreptomicina e canamicina. O óleo foi ligeiramente vigoroso em oposição ao *Vibrio cholera* ainda a 200 iig enquanto fortemente ativo contra todas as outras bactérias e mostrou atividade mesmo a 50 iig. A concentração inibitória mínima (MIC) e a MBC (Concentração Bactericida Mínima) do óleo eram as mesmas e variavam entre 80-200 iig-mL.
Doughari *et al*, (2008) estudaram a atividade antimicrobiana do extrato de raiz de *Cochlospermum planchoni contra* bactérias e fungos através da técnica de difusão em disco. O rastreio fitoquímico confirmou a presença de saponinas, taninos, glicosídeos e alcalóides. O clorofórmio apresentou a atividade mais baixa, enquanto o metanol demonstrou a atividade mais elevada. A concentração inibitória mínima (CIM) e a concentração bactericida mínima (CBM) variaram entre 2,5 e 22,5 mg/ml. A ação do extrato melhorou com o aumento da temperatura e da acidez, mas o pH alcalino não tem efeitos sobre a ação do extrato.
Farrukh *et al*, (2008) deliberaram a ação antibacteriana do extrato de folhas e caule de *Coccinia grandis* L., em oposição a *Bacillus cereus, Corynebacterium diptheriae, Staphylococcus aureus, Streptococcus pyogenes, Escherichia coli, Klebsiella pneumonia, Proteus mirabilis, Pseudomonas aeruginosa, Salmonella typhi* e *Shigella boydii*. O extrato aquoso da folha foi eficaz contra *Shigella boydii* e o extrato etanólico do caule mostrou uma ação notável contra *Pseudomonas aeruginosa*.
Ladan *et al*, (2009) investigaram os fitoquímicos e a atividade antibacteriana do

extrato de folhas de *Hyptis spicigera* contra *Klebsiella pneumoniae, Neisseria gonorrhae* e *Candida albicans*. A concentração bacteriana mínima (MBC) dos extractos foi de (0,625, 1,25, 2,5, 5 e 10 mg/ml). Os fitoquímicos taninos, esteróis, alcalóides, glicosídeos de saponina e flavonóides estavam presentes.

Banso, (2009) examinou os fitoquímicos e a atividade antimicrobiana da casca do caule de *Acacia nilotica* utilizando o método de difusão em ágar em oposição a *Streptococcus viridans, Staphylococcus aureus, Escherichia coli, Bacillus subtilis* e *Shigella sonnei*. Os terpenóides, taninos, alcalóides, saponinas e glicosídeos estavam presentes na casca do caule. *O B. subtilis* foi o mais vulnerável, enquanto *a Candida albicans* foi resistente. A concentração inibitória mínima (CIM) varia entre 35 e 50 mg/ml, enquanto a concentração bactericida mínima (CBM) varia entre 35 e 60 mg/ml.

Abubakar, (2009) examinou os fitoquímicos e a atividade antibacteriana da *Euphorbia hirta* através de 3 solventes - metanol, hexano e água destilada - pelo método de difusão em ágar em oposição à *Escherichia coli, Klebsiella pneumoniae. Shigella dysentriae, Salmonella typhi* e *Proteus mirabilis*. O rastreio fitoquímico deu a conhecer a existência de taninos, saponinas, fenólicos, flavonóides, glicosídeos cardíacos, antroquinonas e alcalóides. O extrato aquoso deu o maior rendimento e mais valor antibacteriano em comparação com os solventes orgânicos. Os valores da concentração inibitória mínima (CIM) e da concentração bactericida mínima (CBM) variam entre 25 e 100 mg/ml.

Igbinosa *et al*, (2009) premeditaram o rastreio fitoquímico e a ação antimicrobiana do extrato de etanol, metanol e água da casca do caule de *Jatropha curcas*. A investigação fitoquímica revelou a existência de saponina, esteróides, tanino, glicosídeos, alcalóides e flavonóides. A concentração inibitória mínima (CIM) do extrato de etanol varia entre 0,5 e 6,25 mg/ml e a concentração bactericida mínima (CBM) entre 2,0 e 12,50 mg/ml, enquanto a CIM do extrato de metanol varia entre 0,5 e 10 mg/ml e a CBM entre 2,0 e 20 mg/ml.

Usman *et al*, (2009) deliberaram sobre os fitoquímicos e a atividade antimicrobiana do extrato metanólico da casca do caule de *Ficus thonningii* utilizando a técnica de difusão em disco em placa de ágar e a técnica de diluição em caldo nutriente contra *Escherichia coli* gram negativa, *Klebsiella spp, Pseudomonas aeruginosa, Salmonella typhi* e *Staphylococcus aureus e Streptococcus spp. gram* positivos. Os fitoquímicos alcalóides, antraquinonas, hidratos de carbono, flavonóides, saponinas e taninos estavam presentes. Os extractos reprimiram todas as bactérias em várias concentrações. A concentração inibitória mínima (CIM) e a concentração bactericida mínima (CBM) foram diferentes para todos os micróbios testados.

Devi *et al*, (2010) determinaram a ação antibacteriana dos extractos de folhas de *Ocimum canum, Acalypha indica, Eclipta alba e Lawsonia inermis*. A inibição máxima foi dada por *Acalypha indica* e *Lawsonia inermis* em oposição às bactérias testadas. *Proteus mirabilis, Shigella dysenteriae* e *Staphylococus aureus* foram considerados vulneráveis a todos os extractos.

Fawzi *et al*, (2009) determinaram a atividade antifúngica de *Cinnamomum*

zeylanicum, *Cymbopogon proximus*, *Laurus nobilis*, *Persea americana* e *Zingiber officinale* contra *Alternaria alternata* e *Fusarium oxysporum* utilizando água destilada fria (CDW) e água destilada a ferver (BDW). A água destilada fria tem fortes efeitos antifúngicos. O *Cymbopogon proximus* e o *Zingiber officinale* foram os mais bem sucedidos na contenção do desenvolvimento dos fungos, seguidos pela *Persea americana*, *Cinnamomum zeylanicum* e *Laurus nobilis*.
Mahmoudabadi e Nasery, (2009) estudaram as acções antifúngicas do extrato de *Allium ascalonicum* contra leveduras, dermatófitos e saprófitos utilizando a técnica de difusão em ágar. Foram seleccionados os fungos *Candida albicans*, *Microsporum gypseum*, *Trichophyton mentagrophytes* e *Epidermophyton floccosum Syncephalastrum*, *Aspergillus niger*, *Penicillium* specie, *Paecilomyces specie*, *Scopulariopsis specie*, *Cladosporium* specie, *Alternaria* specie, *Drechslera* specie. A concentração inibitória mínima (CIM) de *A. ascalonicum* foi de 0,25%. Os resultados demonstram uma ação significativa contra os fungos saprófitas, seguidos das espécies de Candida e dos dermatófitos.
Dahiya *et al*, (2010) exploraram a ação antibacteriana do extrato de raiz de *Amaranthus hybridus* em oposição a *Escherichia coli, Bacillus subtilis e Staphylococcus aureus*. Os solventes utilizados foram o éter de petróleo, o acetato de etilo, o etanol e a água. O extrato de acetato de etilo revelou a atividade máxima contra *Bacillus subtilis e Staphylococcus aureus*, enquanto o crescimento de *Escherichia coli* foi fortemente inibido pelo extrato de etanol.
Pathak *et al*, (2010) examinaram a ação antibacteriana da água e do extrato metanólico da folha de *Annona muricata* contra *Staphylococcus aureus*, *Escherichia coli*, *Proteus vulgaris*, *Streptococcus pyogenes*, *Bacillus subtilis*, *Salmonella typhimurium*, *Klebsiella pneumonia* e *Enterobacter aerogenes* através do método do copo de ágar. Foi utilizado o antibiótico estreptomicina. O extrato reservou fortemente o desenvolvimento de *B. Subtilis, S. aureus K. pneumoniae* e *P. vulgaris*.
Jouki e Khazaei, (2010) determinaram os fitoquímicos e as propriedades antibacterianas do extrato metanólico de folhas de *Eucalyptus camaldulensis* utilizando o método de diluição em ágar contra *Bacillus subtilis Staphylococcus aureus* e *Escherichia coli*. Foram encontrados os fitoquímicos saponina, glicosídeos de saponina, esteroide, glicosídeo cardíaco, taninos, óleos voláteis, fenóis e bálsamo (goma). A planta conseguiu criar uma zona de inibição contra *Bacillus subtilis* e *Staphylococcus aureus*, mas não conseguiu inibir o crescimento de *Escherichia coli*. A concentração inibitória mínima (MIC) foi de 1,25g/ml a 5g/ml.
Gunaselvi *et al*, (2010) deliberaram a atividade antimicrobiana de extractos de folhas de *Hardwickia binata* roxb (Caesalpinaceae) em oposição às bactérias *Bacillus subtilis, E.coli, P.aeruoginosa, S.typhi, S. aureus, S. pneumonia, P.vulgaris, V. vulnificus* e aos fungos *Aspergillus niger, Aspergillus flavus, C. albicans e A.fumigatus*. Foi utilizada a técnica de difusão em ágar e os solventes éter de petróleo, clorofórmio e etanol. Os extractos etanólicos revelaram a maior atividade antimicrobiana.

Seth e Sarin (2010) investigaram os fitoquímicos e a atividade antibacteriana das folhas de *Jatropha gossypifolia* em vários solventes, por exemplo, éter de petróleo, benzeno, clorofórmio, acetona, álcool e água. Estavam presentes saponina, tanino, flavonoide, açúcares redutores, glicosídeos cardíacos, terpenóides, triterpenóides, esteróides, xantoproteína e amido.

Abubakar, (2010) estudou a atividade antibacteriana das folhas de *Eucalyptus camaldulensis* utilizando o método de difusão em ágar bem contra *Escherichia coli, Staphylococcus aureus, Salmonella typhi, Proteus mirabilis* e *Klebsiella pneumoniae.* Na concentração de 50 mg/ml, o desenvolvimento de todas as bactérias testadas foi reservado. Os extractos foram mais eficazes em condições alcalinas e a temperaturas mais baixas. Os valores da concentração inibitória mínima (CIM) variam entre 6,25 - 50 mg/ml e os valores da concentração bactericida mínima (CBM) variam entre 6,25 - 100 mg/ml.

Dongmo *et al*, (2010) investigaram a ação antifúngica do óleo essencial de *Callistemon rigidus, Callistemon* citrinus, *Eucalyptus saligna* e *Eucalyptus camaldulensis* contra *Aspergillus flavus* utilizando cromatografia gasosa (GC) e GC acoplada a espetrometria de massa (GC/MS). A inibição total mostrada a uma concentração de 6000 ppm por *Eucalyptus saligna* e *Callistemon rigidus*, a 5000 ppm por *Callistemon* citrinus e *Eucalyptus camaldulensis*, enquanto o fungicida ridomil a 2000 ppm.

Katooli *et al*, (2011) estudaram as propriedades antifúngicas de diferentes concentrações de óleo essencial de Eucalyptus *camaldulensi* contra *Penicillium digitatum, Aspergillus flavus, Colletotrichum gloeosporioides Pythium ultimum, Rhizoctonia solani, Bipolaris sorokiniana* com o método de disco de papel Whatman. Os resultados revelaram que, em todas as concentrações, apenas *P. ultimum e R. solani* foram completamente inibidos.

Khalid *et al*, (2011) investigaram a ação antibacteriana do metanol, do extrato de água quente e fria de *Pistacia Integerrima* (galha), *Polygonum Bistorta* (raiz), *Swetia Charita* (caule) e *Zingiber officinale* (raiz) em oposição a *Bacillus subtilis, Entereococcus faecalis, Staphylococcus aureus, Pseudomonas aeruginosa* e *Salmonella typhi* através do método de difusão em ágar de discos. Foram utilizados os antibióticos ceftriaxona, ceftriaxona sódica, cefuroxina, ciprofloxacina, gentamicina, levofloxacina, metronidazol e ácido tranexâmico. A zona inibitória mais elevada de 19 mm foi revelada pelo extrato de metanol de *Zingiber officinale* em oposição a *Staphylococcus aureus,* 15 mm pelo extrato de água fria de *Zingiber officinale* em oposição a *Pseudomonas aeruginosa* e 15 mm pelo extrato de água fria de *Swetia Charita* em oposição a *Bacillus subtilis*, respetivamente.

Sharma e Sharma, (2011) determinaram a ação antifúngica do extrato de éter de petróleo, benzeno, clorofórmio, acetona, água e etanol das folhas de *Lawsonia inermis* e *Eucalyptus citriodora* contra *Alterneria solani, Drechslera halodes* (*Helminthosporium halodes*), *Rhizoctonia solani, Fusarium solani, Curvularia lunata, Dreschlera graminae, Fusarium moniliformae, Aspergillus flavus A. parasiticus* var. Globosus, *Trichophyton rubrum, Aspergillus fumigatus* e *Candida albicans*. O extrato de acetona de *L. inermis* e o extrato de éter de petróleo de *E.*

citriodora exibem a maior zona de inibição contra todos os fungos testados. Khan *et al*, (2011) estudaram os fitoquímicos e a ação antimicrobiana do extrato bruto de metanol da planta inteira de *Cestrum nocturnum* contra as bactérias *Salmonella typhi, Pseudomonas aeruginosa, Staphylococcus aureus, Bacillus subtilis, Escherichia coli* e *Shigella flexenari* e os fungos *Candida* species e *Microsporium canis*. Os fitoquímicos glicosídeos, alcalóides, saponinas, fenóis, flavonóides, esteróis e taninos estavam presentes. Exceto *Salmonella typhi,* a planta mostrou uma atividade antibacteriana e antifúngica notável. As concentrações inibitórias mínimas (CIM) para bactérias variam de 19-280 iig-ml. As concentrações inibitórias mínimas (CIM) para fungos variam de 170-290 iig-ml.Mehani e Ladjel, (2012) examinaram as propriedades antimicrobianas dos óleos essenciais de *Eucalyptus camaldulensis* em *Pseudomonas aeruginosa, Escherichia coli, Antirobactere* e *Proteus.* A zona de inibição criada pelo óleo essencial contra diferentes microrganismos foi de *Pseudomonas aeruginosa* 6,33 mm, *Escherichia coli* 9,69 mm, *Antirobactere* 10 mm e *Proteus* 11,66 mm.
Mohammed *et al*, (2012) avaliaram a ação antimicrobiana dos óleos essenciais de *Eucalyptus citriodora e Eucalyptus camaldulensis* contra *Bacillus subtilis, Pseudomonas aeruginosa, Escherichia coli, Staphylococcus aureus, Klebsiella pneumoniae* e *Candida albicans* utilizando a técnica de difusão em disco. Os resultados revelaram que a atividade antibacteriana do *Eucalyptus citriodora* foi superior à do *Eucalyptus camaldulensis.* A zona de inibição produzida pelo *Eucalyptus citriodora* contra *Bacillus subtilis* foi de 16 mm, *Staphylococcus aureus* 18 mm, *Klebsiella* specie 18 mm e *Pseudomonas aeruginosa* 8 mm, enquanto todas estas bactérias foram consideradas resistentes ao óleo de *Eucalyptus camaldlensis.* O micróbio mais sensível foi o fungo, ou seja, *Candida albicans*, com uma zona de inibição de 22 mm quando tratado com óleo de *Eucalyptus citriodora.*
Shagal *et al*, (2012) investigaram o rastreio fitoquímico e a atividade antimicrobiana nas folhas, na casca do caule e nas raízes de *Eucalyptus camaldulensis.* A análise fitoquímica confirmou a existência de saponinas, taninos, fenóis e glicosídeos. As actividades antimicrobianas mostraram que tanto os extractos de água como os de etanol tinham atividade inibidora em todos os micróbios, exceto nas raízes e na casca do caule do etanol, que não apresentavam qualquer zona de inibição mensurável.
Lawal *et al*, (2012) determinaram os fitoquímicos e as actividades antimicrobianas de *Ficus exasperata* Vahl através dos métodos de difusão em ágar e de diluição em micro caldo em oposição a *S. aureus, E. coli, B. subtilis, P. aeruginosa* e quatro espécies de *Candida.* Foram utilizados os solventes metanol e acetato de etilo e os resultados revelaram que a casca da raiz de *Ficus exasperata* possui uma poderosa atividade antimicrobiana. A concentração inibitória mínima (CIM) do extrato também foi calculada. A avaliação fitoquímica estabeleceu a existência de saponina e glicosídeo cardíaco. Neste trabalho de investigação, foram obtidos os resultados das actividades fitoquímica, de metais pesados e antimicrobiana da casca do caule de *Eucalyptus camaldulensis.*

CAPÍTULO 2 MATERIAIS E MÉTODOS

COLECÇÃO

A casca do caule de *Eucalyptus camaldulensis* foi recolhida e depois seca à sombra. Todo o trabalho de laboratório foi efectuado no PCSIR Peshawar, Paquistão.

EXTRACÇÃO

A casca de *Eucalyptus camaldulensis* foi partida em pequenos pedaços e triturada até ficar bem pulverizada. 600 g de material vegetal foram então colocados em metanol durante vinte e quatro horas. O processo foi repetido 3 vezes. As fracções metanólicas foram combinadas e concentradas num evaporador de vácuo rotativo a 50° C. A sua concentração dá o extrato bruto (Khan *et al,* 2007).

FRACIONAMENTO

Vinte gramas do extrato bruto foram dissolvidos em água destilada. Este extrato aquoso foi então sujeito a fracionamento/partição com diferentes solventes orgânicos. Foram utilizados os solventes n-hexano, acetato de etilo e iso-butanol. O extrato aquoso e os solventes orgânicos foram vertidos numa ampola de decantação e depois agitados vigorosamente. Após algum tempo, surgiram duas camadas, uma de extrato aquoso e outra de solvente orgânico. Ambas foram recolhidas em frascos separados. O processo foi repetido 3 vezes com todos os solventes orgânicos, por fases. Estes solventes e o extrato aquoso foram então concentrados por rotação, obtendo-se diferentes quantidades de extractos.

VALORES EXTRACTIVOS

Os valores de extração foram determinados utilizando o extrator/aparelho de Soxhlet inventado por Franz von Soxhlet (Soxhlet, 1879). Os diferentes solventes utilizados foram o n-hexano, o diclorometano (DCM), o acetato de etilo, a água, o etanol e o metanol. Utilizaram-se dez gramas de material vegetal alimentado e aqueceu-se durante seis horas.

Todos estes solventes foram depois concentrados em rotativo, apresentando diferentes valores de extração.

INVESTIGAÇÃO FITOQUÍMICA

A investigação fitoquímica dos extractos permitiu determinar a existência de saponinas, alcalóides, taninos, glicosídeos cardíacos, terpenóides, compostos fenólicos, flavonóides, proteínas, hidratos de carbono e fitoesteróis.

TESTES QUALITATIVOS

1. SAPONINAS

Colocou-se um extrato de planta de 0,1 gm num tubo de ensaio. Adicionaram-se 5 ml de água destilada e agitou-se vigorosamente. A espuma apareceu e persistiu durante três minutos, mostrando a presença de saponinas (Oguyemi e Sofowora, 1979).

2. ALCALÓIDES

Num tubo de ensaio, dissolveu-se 0,1 g de extrato de planta em 10 ml de metanol. Colocou-se uma gota em papel de filtro. Colocou-se outra gota do reagente de

Dragon Dorff na mesma gota. Deixa-se secar o papel de filtro. Em seguida, lava-se com água abundante. A cor laranja que aparece no papel de filtro confirma a presença de alcalóides (Oguyemi e Sofowora, 1979).

3. TANNINS

Dissolveu-se 0,5 g de material vegetal em 20 ml de água destilada, aqueceu-se em banho-maria e filtrou-se. Em seguida, transferiu-se para um tubo de ensaio e adicionaram-se algumas gotas de solução de cloreto férrico a 0,1%. O aparecimento de uma cor castanha confirma a presença de taninos (Trease e Evans, 1989).

4. GLICOSÍDEOS CARDÍACOS/ TESTE DE KELLER-KILLIANI

Dissolveu-se 0,5 g de material vegetal em 20 ml de água destilada, aqueceu-se em banho-maria e filtrou-se. Transferiram-se cinco ml para um tubo de ensaio. Adicionou-se 1 gota de solução de cloreto férrico a 0,1%, 2 ml de ácido acético glacial e 1 ml de ácido sulfúrico concentrado (Trease e Evans, 1989). O aparecimento de um anel castanho nos bordos, de um anel violeta por baixo do anel castanho e de um anel esverdeado na camada de ácido acético revela a existência de glicosídeos cardíacos.

5. TERPENÓIDES/ TESTE DE ESQUI DE SALKOW

Existem dois métodos de análise qualitativa dos terpenóides (Harborne, 1973).

a. Cinco gramas de material vegetal alimentado foram dissolvidos em 50 ml de metanol, triturados e filtrados. Os cinco ml foram colocados num tubo de ensaio. Adicionaram-se dois ml de diclorometano e quatro gotas de ácido sulfúrico concentrado.
b. O material restante foi concentrado por rotação e foram-lhe adicionados 7 ml de diclorometano e 3 ml de ácido sulfúrico concentrado. Em ambos os métodos, o aparecimento de uma cor castanha avermelhada confirmou a presença de terpenóides.

6. COMPOSTOS FENÓLICOS

Dissolveram-se 3 g de extrato de planta em 40 ml de água destilada. Três ml deste extrato aquoso foram colocados num tubo de ensaio. Foram colocadas algumas gotas de solução de acetato de chumbo (1,25 g de acetato de chumbo em 25 ml de água destilada). Apareceram precipitados brancos que mostram a presença de compostos fenólicos (Trease e Evans, 2006).

7. FLAVONÓIDES/ TESTE DE SHINODA

Existem dois métodos para o teste qualitativo dos flavonóides (Jigna e Sumitra, 2007; Oguyemi e Sofowora, 1979).

a. Colocou-se 1 ml de extrato aquoso num tubo de ensaio. Adicionou-se um pequeno pedaço de zinco metálico e duas gotas de ácido clorídrico concentrado.
b. Colocou-se 1 ml de extrato aquoso num tubo de ensaio. Adicionou-se um pequeno pedaço de magnésio e duas gotas de ácido clorídrico concentrado. Com ambos os métodos, a cor castanha apareceu, confirmando a presença de flavonóides.

8. TESTE DO BIURETO PARA DETECÇÃO DE PROTEÍNAS/AMINOÁCIDOS LIVRES

Colocam-se 3 ml de extrato aquoso num tubo de ensaio. Foram adicionadas algumas gotas de hidróxido de sódio para o tornar básico. De seguida, adicionaram-se algumas gotas de solução de sulfato de cobre a 0,02% (0,02 g de sulfato de cobre em 100 ml de água destilada) ao tubo de ensaio. Apareceu uma cor vermelho-tijolo que mostra a presença de proteínas (Trease e Evans, 2006).

9. TESTE DE MOLISCH PARA OS HIDRATOS DE CARBONO

Dois ml de extrato aquoso foram colocados num tubo de ensaio. Adicionaram-se algumas gotas de uma solução etanólica de alfa naftol a 20% (20 gm em 100 ml de etanol) e um ml de ácido sulfúrico concentrado. Apareceu um anel violeta que mostra a presença de hidratos de carbono (Trease e Evans, 1989).

10. FITOSTERÓIS/ENSAIO DE LIEBERMANN-BUCHARD

Dissolveram-se 2,5 g de material vegetal em 20 ml de etanol, agitou-se e aqueceu-se em banho-maria durante uma hora. Em seguida, filtrou-se e concentrou-se por rotação. O extrato foi então dissolvido em 5 ml de diclorometano, filtrado e transferido para um tubo de ensaio. Adicionou-se-lhe o reagente de Libermann-Buchard (anidrido acético: ácido sulfúrico, 9:1). O aparecimento de um anel verde confirma a presença de fitoesteróis (Sofowora, 1993).

TESTES QUANTITATIVOS

1. SAPONINAS

Três gramas de extrato de planta foram dissolvidos em 20 ml de metanol. Aqueceu-se ligeiramente em banho-maria e adicionaram-se 40 ml de acetona fria. Os precipitados apareceram e foram reservados no frigorífico durante uma noite. No dia seguinte, filtrou-se e manteve-se o papel de filtro no exsicador para o proteger da absorção de humidade. O papel de filtro foi então mantido na estufa durante uma hora a 105° C e o peso foi medido. O processo foi repetido 3 vezes.

2. ALCALÓIDES

O teste quantitativo dos alcalóides foi efectuado segundo o método indicado por (Harborne, 1973) com pequenas modificações. Colocaram-se três gramas de extrato da planta num erlenmeyer e adicionaram-se cinquenta e cinco ml de uma solução de ácido clorídrico a 1 % (1 ml de ácido clorídrico em 99 ml de água destilada). Verificou-se o pH, que era ácido. Transferir a solução para uma ampola de decantação, adicionar acetato de etilo e agitar vigorosamente. Após algum tempo, apareceram duas camadas, uma de acetato de etilo e outra de extrato aquoso, tendo ambas sido recolhidas em frascos cónicos separados. Adicionou-se hidróxido de sódio ao extrato aquoso com uma pipeta de Pasteur e verificou-se o pH, que era básico. Transferiu-se o extrato aquoso para uma ampola de decantação e adicionou-se-lhe acetato de etilo. Agitou-se e, após algum tempo, surgiram duas camadas que foram recolhidas em frascos separados. O processo foi repetido 3 vezes. As fracções de acetato de etilo foram combinadas e adicionou-se sulfato de sódio (agente desidratante). Em seguida, filtrou-se e concentrou-se por rotação.

ANÁLISE DE METAIS PESADOS

Dois gramas de material vegetal triturado foram colocados num cadinho. Foi aquecido num queimador durante meia hora. Em seguida, foi mantido no forno durante cinco horas a 600° C (Elmer, 1982). Obteve-se a cinza e adicionou-se-lhe 30 ml de solução de ácido clorídrico (60 ml de ácido clorídrico em 40 ml de água destilada). Em seguida, filtrou-se e transferiu-se para um balão volumétrico contendo já cinquenta ml de água destilada, e o nível foi igualado a cem ml. Em seguida, procedeu-se à análise de metais pesados como Cd, Cr, Pb, Ni, Mn, Cu, Fe, Ag, Sr, Ba, Zn e Mn através de um espetrofotómetro de absorção atómica (EAA).

ORGANISMOS DE TESTE

As bactérias utilizadas foram *Enterococcus faecalis, Shigella sonnei, Bacillus cereus, Citrobacter freundii e Klebsiella pneumonia.*

PREPARAÇÃO DO INÓCULO

As bactérias foram cultivadas com a ajuda de uma ansa de inoculação, estriando-as numa placa de ágar nutriente e mantendo-as na incubadora durante vinte e quatro horas. A cultura bacteriana desta placa de ágar nutriente foi então inoculada em caldo nutriente num tubo de ensaio. Dissolveram-se 10 ml de suspensões deste caldo nutritivo em 1 ml de água destilada estéril e a sua turvação foi comparada com o padrão Mac Farland, que corresponde a apenas cerca de 1,0^108 células (Baker e Thornsberg, 1983).

ENSAIO ANTIBACTERIANO

As soluções de reserva foram preparadas misturando 0,2 g de extractos em 2 ml de dimetilsulfóxido. Inoculou-se um ml de organismo ajustado a 0,5 Mac Farland standard numa placa contendo ágar nutriente. A placa foi agitada para uma mistura suave e o material extra foi então decantado. Perfuraram-se seis poços profundos com uma broca de cortiça esterilizada de 6 mm. Utilizaram-se 50 ml de solvente puro como controlo negativo e verteram-se 50 til de soluções-mãe (concentração de 100 mg/ml) nos respectivos orifícios. (Emeruwa, 1982). O comprimido de antibiótico utilizado foi Gentamicina com uma concentração de 10 iig. As placas foram incubadas a 37° C e as zonas de inibição foram medidas após vinte e quatro horas.

ORGANISMOS DE TESTE

Os fungos utilizados foram o *Aspergillus niger, o Aspergillus flavus, o Alternaria alternata, o Trichoderma harzianum* e o *Penicillium notatum.*

PREPARAÇÃO DO INÓCULO

Os fungos foram cultivados com a ajuda de uma ansa de inoculação, semeando em tubos de ensaio em placas de ágar de levedura e bolor e mantendo-os na incubadora durante 3 dias. Os esporos dos fungos foram então misturados em 1 ml de água destilada.

ENSAIO ANTIFÚNGICO

Inoculou-se um ml de organismo numa placa contendo ágar de levedura e bolor. A placa foi agitada para uma mistura suave e o material extra foi decantado. Foram perfurados seis poços profundos com uma broca de cortiça esterilizada de 6 mm. Utilizaram-se 50 ml de solvente puro como controlo negativo e 50 ml de soluções de reserva (concentração de 100 mg/ml) nos respectivos orifícios e as placas foram incubadas a 37° C durante 3 dias (Odunbaku e llusanya, 2008 e Olafimihan e Fawole, 2003). O comprimido antifúngico utilizado foi o Fluconazol com uma concentração de 300 ig. A zona de inibição foi medida após 3 dias.

Como é evidente na tabela 1, o extrato metanólico de material vegetal em pó da casca do caule de *Eucalyptus camaldulensis* dá um extrato bruto de (84,4 gm) que é cerca de (14,1%).

Tabela: 1. EXTRACÇÃO DA CASCA DO CAFÉ DE *Eucalyptus camaldulensis* EM METANOL

Organic solvent	Plant material	Weight of crude extract	Percentage
Methanol	600 gm	84.4 gm	14.1%

FRACIONAMENTO

O extrato bruto foi sujeito a fracionamento em diferentes solventes, dando diferentes valores, como apresentado na Tabela: 2. Os diferentes solventes utilizados foram n-hexano, acetato de etilo, iso-butanol e água destilada. A fração mais importante foi obtida em água (9 gm e 6,3%) seguida de iso-butanol, (7,6 gm e 5,3%), enquanto o menor valor foi dado pela fração de n-hexano, que foi cerca de (0,1 gm e 0,07%).

Tabela: 2. FRACIONAMENTO DA CASCA DO tronco de *Eucalyptus camaldulensis* EM DIFERENTES SOLVENTES

S. No.	Solvent	Crude extract	Weight of fraction	Percentage
1	Distilled water	20 gm	9 gm	6.3 %
2	Iso-butanol	20 gm	7.6 gm	5.3 %
3	Ethyl acetate	20 gm	0.8 gm	0.5 %
4	n-hexane	20 gm	0.1 gm	0.07%

VALORES EXTRACTIVOS

Os valores extractivos do material vegetal alimentado foram medidos utilizando o aparelho de soxhlet em vários solventes, conforme revelado na Tabela: 3. O extrato obtido no valor máximo foi com metanol (1,41 gm e 14,1%), seguido por etanol (1,1 gm e 11%), o valor médio foi mostrado por água (1 gm e 10%) e acetato de etilo (0,5 gm e 5%), enquanto o valor mínimo foi dado por diclorometano DCM (0,4 gm e 4%) e n-hexano (0,2 gm e 2%).

Tabela: 3. VALORES EXTRACTIVOS DA CASCA DO tronco de *Eucalyptus camaldulensis* UTILIZANDO O APARELHO SOXHLET

S. No.	Solvents	Plant material	Weight of extract	Percentage
1	Methanol	10 gm	1.41 gm	14.1 %
2	Ethanol	10 gm	1.1 gm	11 %
3	Water	10 gm	1 gm	10 %
4	Ethyl acetate	10 gm	0.5 gm	5 %
5	Dichloromethane	10 gm	0.4 gm	4 %
6	n-hexane	10 gm	0.2 gm	2 %

TESTES QUALITATIVOS PARA FITOQUÍMICOS

Foram efectuados os testes qualitativos para diferentes fitoquímicos da casca do caule de *Eucaltptus camaldulensis*. A investigação fitoquímica confirmou a existência de saponinas, alcalóides, taninos, terpenóides, compostos fenólicos, flavonóides, proteínas, hidratos de carbono e fitoesteróis, conforme revelado no Quadro 4. Os glicosídeos cardíacos estão ausentes.

Tabela: 4. Ensaios qualitativos da casca do tronco de *Eucalyptus camaldulensis*

S. No.	Tests	Results
1	Saponins	+
2	Alkaloids	+
3	Tannins	+
4	Phytosterols	+
5	Terpenoids	+
6	Phenolic compounds	+
7	Flavonoids	+
8	Proteins	+
9	Carbohydrates	+
10	Cardiac glycosides	-

+ = Presente, - = Ausente.

TESTES QUANTITATIVOS PARA FITOQUÍMICOS

Como mostra a Tabela: 5, os testes quantitativos revelaram que 3 gm de extrato bruto contém a quantidade máxima de hidratos de carbono (1,6 gm e 7,5%), seguida de proteínas (1,2 gm e 5,6%) e saponinas (1,041 gm e 4,8%). Os fitoquímicos com valor intermédio foram os esteróides (0,7 gm e 3,2%), os flavonóides (0,5 gm e 2,3%) e os alcalóides (0,1 gm e 0,4%), enquanto que a quantidade mínima de fitoquímicos foram os compostos fenólicos (0,02 gm e 0,09%), os taninos (0,01 gm e 0,04%) e os terpenóides (0,002 gm e 0,009%).

Tabela: 5. TESTES QUANTITATIVOS DA CASCA DO tronco de *Eucalyptus camaldulensis*

S. No.	Tests	Extract	Weight	Percentage
1	Carbohydrates	3 gm	1.6 gm	7.5 %
2	Proteins	3 gm	1.2 gm	5.6 %
3	Saponins	3 gm	1.041 gm	4.8 %
4	Steroids	3 gm	0.7 gm	3.2 %
5	Flavonoids	3 gm	0.5 gm	2.3 %
6	Alkaloids	3 gm	0.1 gm	0.4 %
7	Phenolic compounds	3 gm	0.02 gm	0.09 %
8	Tannins	3 gm	0.01 gm	0.04 %
9	Terpenoids	3 gm	0.002 gm	0.009 %

ANÁLISE DE METAIS PESADOS

O estudo dos metais pesados da casca do caule de *Eucalyptus camaldulensis* revelou que o metal presente em quantidade máxima foi o chumbo (Pb) (6,06 mg/L), seguido do ferro (Fe) (2,45 mg/L), manganês (Mn) (1,76 mg/L), zinco (Zn) (0,28mg/L), cobre (Cu) (0,09 mg/L), níquel (Ni) (0,02 mg/L), e a prata (Ag) estava presente em pouca quantidade, (0,01 mg/L). O cádmio (Cd), o crómio (Cr), o estrôncio (Sr) e o bário (Ba) estavam ausentes.

Tabela: 6. ANÁLISE DE METAIS PESADOS DA CASCA DE CERNE DE *Eucalyptus camaldulensis*

S. No.	Heavy metals	Concentration
1	Pb	6.06 mg/L
2	Fe	2.45 mg/L
3	Mn	1.76 mg/L
4	Zn	0.28 mg/L
5	Cu	0.09 mg/L
6	Ni	0.02 mg/L
7	Ag	0.01 mg/L
8	Cd	N.D
9	Cr	N.D
10	Sr	N.D
11	Ba	N.D

ACTIVIDADE ANTIBACTERIANA

A atividade antibacteriana do extrato da casca do caule de *Eucalyptus camaldulensis* em diferentes solventes como metanol, n-hexano, acetato de etilo, iso-butanol e água (quadro 7) mostra diferentes zonas de inibição contra *Shigella sonnei, Enterococcus faecalis, Citrobacter freundii, Klebsiella pneumonia* e *Bacillus cereus*. Foi utilizado o antibiótico padrão Gentamicina. O extrato de planta mais eficaz foi o iso-butanol e o metanol, apresentando uma zona de inibição máxima, seguido do acetato de etilo e da água e o menos eficaz foi o n-hexano. O extrato de n-hexano conseguiu inibir apenas *a Shigella sonnei* e foi incapaz de conter todas as outras bactérias. A zona de inibição contra *Enterococcus faecalis* mostrada pelo acetato de etilo e iso-butanol foi de (13 mm) cada, o extrato de metanol foi de (10 mm), aquoso (8 mm) e Gentamicina (12 mm). A zona de inibição contra *Shigella sonnei* criada por metanol (14 mm), iso-butanol (13 mm), aquoso (10 mm), n-hexano foi (8 mm), acetato de etilo (5 mm) e Gentamicina (13 mm). A zona de inibição dada pelo extrato de acetato de etilo contra *Bacillus cereus* (14 mm), iso-butanol (12 mm), metanol (10 mm), aquoso (6 mm) e Gentamicina (4 mm). A *Citrobacter freundii* foi inibida por metanol e acetato de etilo (6 mm) cada, iso-butanol (5 mm), aquoso (4 mm) e Gentamicina (18 mm). A *Klebsiella pneumonia* permanece resistente tanto ao extrato de n-hexano como ao extrato aquoso, enquanto a zona de inibição revelada pelo metanol (7 mm), acetato de etilo e iso-butanol (4 mm) cada e Gentamicina (16 mm).

Tabela: 7. ACTIVIDADE ANTIBACTERIANA DA CASCA DE CERNE DE *Eucalyptus camaldulensis*

S. No.	Bacteria	Methanol	n-Hexane	Ethyl acetate	Iso-butanol	Aqueous	Gentamycin
1	*E.faecalis*	10 mm	-	13mm	13 mm	8 mm	12 mm
2	*S.sonnei*	14 mm	8 mm	5 mm	13 mm	10 mm	13 mm
3	*B.cereus*	10 mm	-	14mm	12 mm	6 mm	4 mm
4	*C.freundii*	6 mm	-	6 mm	5 mm	4 mm	18 mm
5	*K.pneumonia*	7 mm	-	4 mm	4 mm	-	16 mm

ACTIVIDADE ANTIFÚNGICA

O extrato da casca do caule de *Eucalyptus camaldulensis* em diferentes solventes, como metanol, n-hexano, acetato de etilo, iso-butanol e água, não mostrou qualquer atividade inibidora contra *Aspergillus niger, Aspergillu flavus, Alternaria alternata, Penicillium notatum* e *Trichoderma harzianum* (Quadro 8). O antifúngico padrão utilizado foi o fluconazol. A sua atividade contra o *Aspergillus niger* foi de (24 mm), *Aspergillus flavus* (21 mm), *Alternaria alternata, Penicillium notatum* e *Trichoderma harzianum* (16 mm), cada um Tabela: 8.

Tabela: 8. ACTIVIDADE ANTIFÚNGICA DA CASCA DE CERNE DE *Eucalyptus camaldulensis*

S. No.	Fungi	Methanol	n-Hexane	Ethyl acetate	Iso-butanol	Aqueous	Fluconazole
1	*A.niger*	-	-	-	-	-	24 mm
2	*A.flavus*	-	-	-	-	-	21 mm
3	*A.alternata*	-	-	-	-	-	16 mm
4	*P.notatum*	-	-	-	-	-	16 mm
5	*T.harzianum*	-	-	-	-	-	16 mm

CAPÍTULO 4 DEBATES

As plantas são uma base inata de compostos activos que se encontram nas suas diferentes partes, como a raiz, o caule, as folhas, a casca, o fruto e as sementes. Estes compostos são utilizados para tratar várias doenças de organismos vivos (Shinwari *et al*, 2003).

Alá presenteou o Paquistão com uma vegetação próspera, com muitas plantas medicinais. As plantas medicinais produzem actividades antivirais, antibacterianas e antifúngicas significativas (Shadomy *et al*, 1985; Odds, 1989). Diferentes solventes têm polaridades variadas com graus variados de solubilidade para fitoquímicos (Majorie, 1999). A atividade do extrato da planta pode alterar-se após o fracionamento e a atividade do extrato puro pode ser reduzida (Harbone, 1984).

Os metabolitos secundários têm propriedades bactericidas, pesticidas e fungicidas, produzindo assim a atividade antimicrobiana (Eloff, 1998; Majorie, 1999; Rios e Recio, 2005). Os antimicrobianos preparados a partir de plantas têm um forte valor medicinal, uma vez que produzem menos efeitos secundários em contraste com os medicamentos antimicrobianos artificiais (Iwu *et al*, 1999). Os flavonóides provaram ter acções anti-alérgicas, anti-inflamatórias, antivirais, anti-proliferativas e anti-carcinogénicas (Middleton e Kandaswami, 1993).

FITOQUÍMICOS

Na presente investigação, os fitoquímicos encontrados na casca do caule de *Eucalyptus camaldulensis* foram saponinas, alcalóides, taninos, terpenóides, flavonóides, compostos fenólicos, esteróides, proteínas e hidratos de carbono. Enquanto os glicosídeos cardíacos estavam ausentes.

Vários estudos confirmaram a presença de saponinas, glicosídeos cardíacos, esteróides, taninos, óleos voláteis, fenóis e bálsamo em membros da família Myrtaceae (Pamplona-Roger, 1999; Ahmad *et al*., 1998; Shariff, 2001).

O teste quantitativo revelou que 3 gm de extrato de planta contém cerca de (1,041 gm e 4,8%) saponinas. Estas têm propriedades químicas, físicas e biológicas que as tornam capazes de produzir efeitos antimicrobianos (Margineanu *et al*, 1976) e hemolíticos (Abe *et al.,* 1981). As saponinas possuem propriedades antibióticas, pelo que proporcionam proteção contra doenças e ataques microbianos (Oliver-Bever, 1986; Okwu, 2004). As saponinas também foram registadas nas folhas de *Eucalyptus camaldulensis* por (Babayi *et al*, 2004; Ayepola e Adeniyi, 2008; Jouki e Khazaei, 2010, Edriss *et al*, 2012). Também foram encontrados na casca do caule de *Eucalyptus camaldulensis* por (Shagal *et al*, 2012).

O teste quantitativo mostrou que 3 gm de extrato de planta contêm cerca de (0,1 gm e 0,4%) alcalóides. Estes são muito benéficos, pois podem produzir efeitos analgésicos, antiespasmódicos e bactericidas (Okwu e Josiah, 2006). Os alcalóides foram considerados eficazes contra micróbios como *Giardia* e espécies de *Entamoeba* (Ghoshal *et al*, 1996). Os alcalóides também foram registados nas folhas de *Eucalyptus camaldulensis* por (Ayepola e Adeniyi, 2008; Edriss *et al*, 2012). A sua presença também foi confirmada na casca do caule de *Eucalyptus camaldulensis* por (Shagal *et al*, 2012).

O teste quantitativo revelou que 3 gm de extrato de planta contêm cerca de (0,01 gm e 0,04%) de taninos. Os taninos são eficazes como actividades antibacterianas, antiulcerosas e antivirais (Moreman, 1998). Protegem as superfícies inflamadas da boca e são utilizados para tratar catarro, feridas, hemorróidas e diarreia, e como remédio no envenenamento por metais pesados (Ogunleye e Ibitoye, 2003; Finnermore *et al*, 1988). Os taninos são eficazes para tratar diarreia, disenteria, asma, doenças de pele e indigestão (Baquar, 1989), nas plantas os taninos reduzem o fortalecimento dos insectos (Schultz, 1988). Impedem o crescimento de micróbios, criando uma indisponibilidade de proteínas para eles (Fluck, 1973). Os taninos também foram registados nas folhas de *Eucalyptus camaldulensis* por (Babayi *et al*, 2004; Ayepola e Adniyi, 2008; Jouki e Khazaei, 2010). Também foram obtidos na casca do caule de *Eucalyptus camaldulensis* por (Shagal *et al*, 2012; Musa *et al*, 2011).

O teste quantitativo revelou que 3 gm de extrato de planta contêm cerca de (0,002 gm e 0,009%) terpenóides. Possuem ação anti-carcinogénica, antimalárica, antiulcerosa, hepática, antimicrobiana e diurética (Bertea *et al*, 2005; Haudenschild e Croteau, 1998; Lin *et al*, 2005; McCaskill e Croteau, 1998; Rodriguez-Concepcion, 2004). Foram registados triterpenóides em *Eucalyptus camaldulensis* por (Rastogi e Mehrotra, 1995; Begum e Siddiqui, 1997; Siddiqui *et al*, 2000; Begum *et al*, 2002). Também foram encontrados em frutos de *Eucalyptus camaldulensis* por (Edriss *et al*, 2012).

Os glicosídeos cardíacos estavam ausentes na casca do caule de *Eucalyptus camaldulensis*. Os glicosídeos cardíacos reservam exclusivamente o transporte de Na e K (Schatzmann, 1953). Eles são eficientes na insuficiência cardíaca. Alguns investigadores estabelecem que os glicosídeos cardíacos aumentam a libertação de Ca do retículo sarcoplasmático (SR) através do aumento da ação do canal único dos receptores de rianodina (McGarry e Williams, 1993). Contrariamente ao presente trabalho de investigação, os glicosídeos cardíacos foram encontrados na casca do caule de *Eucalyptus camaldulensis* por (Shagal *et al*, 2012), nas folhas de *Eucalyptus camaldulensis* por (Ayepola e Adeniyi, 2008; Jouki e khazaei, 2010) e os glicosídeos nas folhas por (Babayi *et al*, 2004).

O teste quantitativo mostrou que 3 gm de extrato de planta contêm cerca de (0,5 gm e 2,3%) flavonóides. Os flavonóides têm propriedades antiulcerosas e antioxidantes; previnem danos celulares oxidativos (Okwu, 2004; Okwu e Josaiah, 2006). O derivado de flavonas é eficaz contra o vírus sincicial respiratório (RSV) (Barnard *et al*, 1993; Kaul *et al*, 1985). Os flavonóides têm actividades antimicrobianas, antitrombóticas, antimutagénicas e anticarcinogénicas (Kandaswami e Middleton, 1997; Cook e Samman 1996; Sahu e Green 1997). O flavonoide foi também referido em *Eucalyptus*

camaldulensis por (Rastogi e Mehrotra, 1995; Begum e Siddiqui, 1997; Siddiqui *et al*, 2000; Begum *et al*, 2002). O fruto do *Eucalyptus camaldulensis* contém flavonas (Edriss *et al*, 2012).
O teste quantitativo revelou que 3 gm de extrato de planta contêm cerca de (0,7 gm e 3,2%) de esteróides. Os esteróides são considerados muito importantes devido à sua relação com as hormonas sexuais (Okwu, 2001). Foram registados em folhas (Jouki e khazaei, 2010; Babayi *et al*, 2004) e esteróis em frutos de *Eucalyptus camaldulensis* (Edriss *et al*, 2012).
O teste quantitativo revelou que 3 gm de extrato de planta contêm cerca de (0,7 gm e 3,2%) de compostos fenólicos. São eficazes contra microorganismos inibindo enzimas, obrigatórias para o seu crescimento (Khanahmadi *et al*, 2010). Também foram registados nas folhas (Babayi *et al*, 2004) e na casca do caule de *Eucalyptus camaldulensis* (Shagal *et al*, 2012).
O teste quantitativo mostrou que 3 gm de extrato de planta contém cerca de (1,6 gm e 7,5%) de hidratos de carbono. Os hidratos de carbono dão o vigor utilizado para vários processos, por exemplo a respiração, a manutenção da temperatura corporal, a contração e o relaxamento do coração e dos músculos. O cérebro, as células nervosas e os glóbulos vermelhos emergentes obtêm energia apenas da glucose. (Whitney e Rolfes, 2005; Departamento de Agricultura dos EUA, 2010).
O teste quantitativo revelou que 3 gm de extrato de planta contêm cerca de (1,2 gm e 5,6%) de proteínas. O nível mínimo de proteínas é necessário para manter o equilíbrio de azoto a curto prazo. Este nível consome a utilização principal de aminoácidos para apoiar a síntese de proteínas (Layman *et al*, 2003).

METAIS PESADOS

Os metais pesados que ultrapassam determinados limites admissíveis são tóxicos para a saúde. Por conseguinte, tanto a quantidade inadequada como a extravagante de metais são prejudiciais (Takacs e Tatar, 1987). A Organização Mundial de Saúde (OMS) recomenda que as plantas medicinais utilizadas para produzir medicamentos devem ser investigadas em primeiro lugar relativamente aos metais pesados (OMS, 1998).
A avaliação da casca do caule de *Eucalyptus camaldulensis* confirmou a presença de Pb, Fe, Mn, Zn, Cu, Ni e Ag, enquanto Cd, Cr, Ba e Sr estavam ausentes.
A análise de metais pesados da casca do caule de *Eucalyptus camaldulensis* revelou que esta contém cerca de (6,06 mg/L) de chumbo (Pb). O chumbo também foi registado em raízes de *Eucalyptus camaldulensis* (Zavaleta-Mancera *et al*, 2007). A disponibilidade de metais para as plantas depende do pH do solo (Bose e Bhattacharyya, 2008). Em concentrações elevadas, o chumbo Pb afecta quase todos os sistemas e órgãos, como o sistema nervoso central, os rins e o sangue, e acaba por ser letal a um nível extremo (OMS, 1995; Relatório, 1988; Goldstein, 1992).
A análise de metais pesados da casca do caule de *Eucalyptus camaldulensis*

revelou que esta contém cerca de (2,45 mg/L) de ferro (Fe). O ferro também foi encontrado em raízes de *Eucalyptus camaldulensis* por (Zavaleta-Mancera *et al*, 2007). O Fe (Ferro) é um constituinte vital de muitas proteínas e enzimas (Wood e Ronnenberg, 2006; Beard e Dawson, 1997). Cerca de 60% do Fe está ligado à hemoglobina, 10% a enzimas tecidulares dependentes do Fe, 20% armazenado como ferritina e 10% como hemossiderina e não pode produzir efeitos letais (Schumann, 2001). A hemoglobina é um composto que contém ferro e está presente na hemoglobina e na mioglobina, que são responsáveis pelo transporte e armazenamento de oxigénio (Yip e Dallman, 1996; Brody, 1999).

A avaliação da casca do caule de *Eucalyptus camaldulensis* mostrou que esta contém cerca de (1,76 mg/L) de Manganês (Mn). O Mn é um componente e um ativador de numerosas enzimas e proteínas em organismos vivos, e tem diferentes funções reconhecidas (Schafer, 2004).

A análise de metais pesados revelou que a casca do caule do *Eucalyptus camaldulensis* contém cerca de (0,28 mg/L) de Zinco (Zn). É necessário para as proteínas e a síntese de células, material genético ADN e ARN (Sizer e Whitney, 2003). Ajuda a pancrease na digestão, metaboliza hidratos de carbono, proteínas e gorduras (Sizer e Whitney, 2003). A sua carência provoca anomalias no desenvolvimento, atraso na maturação sexual e óssea, lesões cutâneas, diarreia, alopecia; diminui a fome, aumenta a vulnerabilidade a infecções e alterações comportamentais (Hambridge *et al*, 1987). É utilizado como co-fator por mais de 200 enzimas (Grodner *et al.*, 2000). O zinco também foi encontrado em raízes de *Eucalyptus camaldulensis* (Zavaleta-Mancera *et al*, 2007).

A análise de metais pesados revelou que cerca de (0,09 mg/L) de cobre (Cu) estava presente na casca do caule do *Eucalyptus camaldulensis*. É um micronutriente fundamental que funciona como biocatalisador, obrigatório para a pigmentação do corpo, sustenta um sistema nervoso central forte e previne a anemia (Akinyele e Osibanjo, 1982). O cobre também foi encontrado em raízes de *Eucalyptus camaldulensis* (Zavaleta-Mancera *et al*, 2007).

A análise de metais pesados da casca do caule de *Eucalyptus camaldulensis* mostrou que contém cerca de (0,02 mg/L) de Níquel (Ni). Os compostos solúveis de Ni são hepatotóxicos e nefrotóxicos, enquanto os compostos insolúveis de Ni são carcinogénicos (Sunderman, 2004).

A prata (Ag) estava presente em quantidade (0,01 mg/L) na casca do caule de *Eucalyptus camaldulensis.* Os seus sais são eficazes em doenças mentais, epilepsia, dependência de nicotina, gastroenterite e doenças contagiosas, bem como sífilis e gonorreia (Shelley *et al.*, 1987; Marshall e Schneider, 1977; Gulbranson *et al.*, 2000).

A ligação de metais pesados como o Cd à matéria orgânica pode aumentar a sua acessibilidade às plantas (Jorge *et al*, 2005). O cádmio Cd estava ausente na casca do caule do *Eucalyptus camaldulensis.* Os níveis elevados de Cd podem causar um atraso no crescimento das raízes. O cádmio compete com nutrientes essenciais (P, Fe, K, Mg) para entrar nas plantas, causando redução na absorção de nutrientes (Svetkova e Fargasova, 2007; Shanker *et al.*, 2005) e entra nas plantas devido à semelhança física com nutrientes essenciais (Souza *et al.*, 2005). O cádmio é tóxico e produz efeitos adversos na saúde. É um componente desnecessário nos alimentos e na água e acumula-se predominantemente nos rins e no fígado (Divrikli *et al*, 2006). O recurso generalizado de cádmio nas plantas são os fertilizantes, as minas, a fundição e a combustão (Davies, 1990).

O Bário (Ba) e o Estrôncio (Sr) também estavam ausentes na casca do caule do *Eucalyptus camaldulensis*. Em alta intensidade, o Ba causa vasoconstrição em humanos (Stockinger, 1981). O estrôncio provou ser bom para a saúde dos ossos. A investigação relativa ao estrôncio, tanto na Europa como nos Estados Unidos, sobre um dos compostos de estrôncio, ou seja, o ranelato de estrôncio, indica que este pode recuperar a espessura óssea na osteoporose (Ortolani e Vai, 2006).

A ligação de metais pesados como o Cr à matéria orgânica pode aumentar a sua acessibilidade às plantas (Jorge *et al*, 2005). O cádmio Cr estava ausente na casca do caule do *Eucalyptus camaldulensis*. Os níveis elevados de Cr podem causar um atraso no crescimento das raízes. O crómio é um elemento fundamental para o crescimento das plantas, pois compete com os nutrientes fundamentais (P, Fe, K, Mg) e diminui a absorção de nutrientes (Svetkova e Fargasova, 2007; Shanker *et al.*, 2005) e penetra nas plantas devido à semelhança física com nutrientes indispensáveis (Souza *et al.*, 2005). O crómio provoca erupções cutâneas, dores de estômago, úlceras, problemas respiratórios, desestabilização do sistema imunitário, danos nos rins e no fígado, alteração do material hereditário, cancro do pulmão e, em última análise, causa a morte (McGrath e Smith, 1990; Pendias e Pendias, 1984).

ACTIVIDADES ANTIBACTERIANAS

O presente trabalho de investigação revelou que a casca do caule de *Eucalyptus camaldulensis* foi eficaz contra bactérias gram positivas (*Enterococcus faecalis, Bacillus cereus*) e gram negativas (*Shigella sonnei, Citrobacter freundii* e *Klebsiella pneumonia).*

Os extractos das folhas, da casca do caule e das raízes de *Eucalyptus camaldulensis* apresentaram atividade antibacteriana contra *Escherichia coli, Staphylococcus aureus, Salmonella typhi* e *Bacillus subtilis* (Shagal *et al*, 2012). O extrato bruto de *Eucalyptus camaldulensis* inibe o desenvolvimento de *Escherichia coli, Staphylococcus aureus* e *Pseudomonas aeeruginosa* (Adeniyi *et al*, 2006). A atividade antibacteriana dos extractos de folhas diclorometano e metanólico de *Eucalyptus camaldulensis* foi considerada eficaz contra *Klebsiella spp, Salmonella typhi, Yersinia enterocolitica, Pseudomonas aeruginosa, Staphylococcus aureus* e *Bacillus subtilis*, enquanto o extrato de éter de petróleo permanece inativo (Ayepola e Adeniyi, 2008).

A *Klebsiella pneumonia* foi inibida pelos extractos de metanol, acetato de etilo e isobutanol, ao passo que o extrato aquoso e de n-hexano permaneceu ineficaz. Trata-se de uma bactéria gram-negativa, não-móvel, em forma de bastonete, responsável por pneumonia, doenças urinárias, outras infecções piogénicas, septicemia e, raramente, diarreia (Sharma e Adlakha, 1996). A zona de inibição criada pelas folhas de *Eucalyptus camaldulensis* contra uma das espécies de *Klebsiella* foi registada por (Ayepola e Adeniyi, 2008; Balandrin e kjocke, 1985). A *Klebsiella pneumonia* foi inibida pelo óleo essencial (Muhammad *et al*, 2012; Jazani *et al*, 2012), folhas (Abubakar, 2010) e casca de *Eucalyptus camaldulensis* (Musa *et al*, 2011).

A casca de *Eucalyptus camaldulensis* inibe eficazmente o crescimento de micróbios (Khan *et al*, 2000); o extrato aquoso da casca de *Eucalyptus camaldulensis* inibe *Escherichia coli, Bacillus subtilis, Staphylococcus aureus, Klebsiella pneumoniae, Pseudomonas aeruginosa* e *Salmonella Typhi* (Musa *et al*, 2011). O extrato metanólico de *E. camaldulensis* foi considerado eficaz em oposição à espécie *Klebsiella* do que a *Pseudomonas aeruginosa* e *Staphylococcus aureus* (Alma, 2004; Balandrin e Kjocke, 1985).

A zona de inibição contra *Bacillus cereus* foi criada por acetato de etilo, isobutanol, metanol e extractos aquosos. É uma bactéria gram-positiva, aeróbica ou facultativamente anaeróbica encapsulada que causa intoxicação alimentar (Bartram *et al,* 2003). O *Bacillus* também foi reportado como inibido pelo extrato de folhas de 26 espécies diferentes de *Eucalyptus* (Takahashi *et al*, 2004). A zona de inibição contra *Bacillus* também foi criada por folhas (Babayi *et al*, 2004; Ayepola e Adeniyi, 2008; Jouki e Khazaei, 2010), óleo essencial (Shagal *et al*, 2012) e casca de *Eucalyptus camaldulensis* (Musa *et al*, 2011).

O extrato de folhas de 26 espécies diferentes de *eucalipto* possui um forte potencial antibacteriano contra *Staphylococcus aureus, Bacillus cereus, Enterococcusfaecalis, Alicyclobacillus acidoterrestris, Propionibacterium acnes, Escherichia coli,* e *Pseudomonas putida* (Takahashi *et al,* 2004). O extrato de folhas de *Eucalyptus camaldulensis* inibe com sucesso *Bacillus subtilis, Escherichia coli* e *Staphylococcus aureus* mas não produz qualquer atividade em oposição a *Pseudomonas aeruginosa* e *Salmonella typhi* (Babayi *et al*, 2004). Verificou-se que o extrato de folhas era mais competente em pH alcalino e temperaturas mais baixas contra *Escherichia coli, Staphylococcus aureus, Salmonella typhi, Proteus mirabilis* e *Klebsiella pneumoniae* (Abubakar, 2010). O potencial antibacteriano do extrato hidroalcoólico de folhas de *Eucalyptus camaldulensis* foi eficaz contra *S. aureus, A. baumannii, P. aeruginosa, K. pneumoniae* e *E. coli* (Jazani *et al*, 2012).

O Citrobacter freundii foi inibido pelos extractos de metanol, acetato de etilo, aquoso e isobutanol. É uma bactéria Gram-negativa, não formadora de esporos, em forma de bastonete (Samonis *et al*, 2009) e está na base de diarreia, sapticemia, meningite, infeção do trato respiratório e urinário (Lavigne *et al*, 2007).

Estudos revelaram que o óleo essencial de *Eucalyptus camaldulensis* é eficaz contra micróbios (Trease e Evans, 1992; Hammer *et al*, 1999). O óleo essencial talvez decomponha a membrana exterior dos micróbios (Helander *et al*, 1998) ou pode entrar no interior das células e destruir o seu metabolismo (Marino *et al*, 2001) ou possivelmente perturbar a estrutura e arruinar a atividade das enzimas (Ultee *et al*, 2002; Farag *et al*, 1989). De acordo com (Arora e Kour, 1999), o óleo essencial resulta na inativação de enzimas, seguindo-se a redução do desenvolvimento microbiano, produzindo assim atividade antimicrobiana (Terras *et al*, 1995). O óleo essencial de *E. camaldulensis revelou-se* eficaz contra *Pseudomonas aeruginosa, Escherichia coli, Antirobactere* e *Proteus* (Mehani e Ladjel, 2012) *Bacillus subtilis, Pseudomonas aeruginosa, Escherichia coli, Staphylococcus aureus* e *Klebsiella pneumonia* (Mohammed *et al*, 2012).

Todos os cinco extractos de *Eucalyptus camaldulensis* foram considerados eficazes contra *Shigella sonnei.* É uma bactéria gram-negativa, não formadora de esporos, não móvel, em forma de bastonete, que se pode desenvolver dentro ou sem oxigénio e é a fonte de doenças intestinais como a disenteria bacilar (Alamanos *et al,* 2000 e Pegram *et al,* 1998).

O óleo essencial de *eucalipto* possui uma poderosa ação inibidora contra agentes patogénicos do trato respiratório (Sienkiewicz *et al*, 2011). A zona inibitória criada pelo óleo essencial da folha de *Eucalyptus camaldulensis* foi relatada contra *Staphylococcus aureus* e *Escherichia coli* (Ghalem e Mohamed, 2008) *Stenotrophomonas maltophilia, Bacillus polymyxa, Kocuria varians/rosa, Aerococcus viridians, Micrococcus* specie, *Staphylococcus auricularis, Staphylococcus capitis, Kocuria kristanae* e *Staphylococcus cohnii* (Najem *et al*, 2011).

Os extractos eficazes contra *Enterococcus faecalis* foram o acetato de etilo, o isobutanol, o metanol e o aquoso. É uma bactéria gram positiva e está na origem de infecções do trato gastrointestinal, infecções do trato urinário (ITU), endocardite e sépsis (Murray, 1990). O *Enterococcus faecalis* também foi reportado como inibido por 26 espécies diferentes de Eucalyptus (Takahashi *et al*, 2004).

ACTIVIDADES ANTIFÚNGICAS

A casca do caule do *Eucalyptus camaldulensis não* mostrou qualquer atividade contra os fungos. Podem estar presentes nos extractos substâncias que aumentam o crescimento dos micróbios (Ojala *et al*, 2000).

O *Aspergillus flavus* não foi inibido por nenhum dos cinco extractos. Causa perda de audição e os danos no canal auditivo resultam em danos significativos na membrana timpânica (Hema *et al*, 2009). Foi relatado que o *Aspergillus flavus foi restringido* pelo óleo essencial de *Eucalyptus camaldulensis* (Dongmo *et al*, 2010; Katooli *et al*, 2011; Najem *et al*, 2011).

A atividade antifúngica do óleo essencial de *Eucalyptus camaldulensis*

examinada contra *Penicillium digitatum, Aspergillus flavus, Colletotrichum gloeosporioides, Pythium ultimum, Rhizoctonia solani e Bipolaris sorokiniana*, mostrou inibição completa apenas em *P. ultimum* e *R. solani* (Katooli *et al*, 2011) também contra *Candida albicans* (Mohammed *et al*, 2012) e *Aspergillus flavus, Aspergillus niger, Cryptococcus albidus* e *Penicillium* specie (Najem *et al*, 2011).
Os diferentes extractos da casca do caule de *Eucalyptus camaldulensis não* têm qualquer efeito contra *Aspergillus niger*. Trata-se de um agente patogénico de origem alimentar. Causa doenças pulmonares, aspergilose e dor de otomicose (Hema *et al*, 2009). *O Aspergillus niger* foi inibido pelo óleo essencial de *Eucalyptus camaldulensis* (Najem *et al*, 2011; Siramon *et al*, 2013).
Os óleos essenciais de *Eucalyptus camaldulensis* revelaram uma forte atividade em oposição a *Candida albicans* (Oyedeji *et al*, 1999) *Aspergillus niger, Cladosporium cladosporioides, Chaetomium globosum, Penicillium citrinum, Fomitopsis palustris, Trametes versicolor, Fusarium oxysporum, Thanatephorus cucumeris* exceto *Rhizopus oryzae* (Siramon *et al*, 2013).
Verificou-se que o *Penicillium notaum é* resistente à casca do caule do *Eucalyptus camaldulensis*. Provoca endoftalmite (Eschete *et al,* 1981). No entanto, foi inibido pelo óleo essencial de *Eucalyptus camaldulensis* (Najem *et al*, 2011; Siramon *et al*, 2013).
As acções de 26 espécies de folhas de *Eucalyptus* foram confirmadas em oposição a um fungo *Trichophyton mentagrophytes* (Takahashi *et al,* 2004).
As propriedades antifúngicas relatadas foram demonstradas por extractos de folhas de *Eucalyptus camaldulensis* contra *Alternaria alternata, Drechslera hawaiiensis* e *Drechslera tetramera* (Bajwa e Iftikhar, 2005), *Microsporum canis, Microsporum gypseum, Tricophyton rubrum, Tricophyton schoenleinii, Tricophyton mentagrophytes* e *Epedermophyton floccosum* (Falahati *et al*, 2005).
A casca do caule de *Eucalyptus camaldulensis* não conseguiu criar uma zona de inibição contra *Alternaria alternata*. Esta provoca rinite alérgica e asma (Bush e Portnoy, 2001). *A Alternaria alternata* foi inibida pelas folhas de *Eucalyptus camaldulensis* (Bajwa e Iftikhar, 2005).
O extrato etanólico de folhas de *Eucalyptus camaldulensis* foi eficaz no controlo de fungos como *Microsporium gypseum e Trichophyton mentagrophytes* (Essien e Akpan, 2004). O extrato bruto de *Eucalyptus camaldulensis* foi considerado eficaz contra *Candida albicans* (Adeniyi *et al*, 2006; Babayi *et al*, 2004).
O Trichoderma harzianum também não é afetado, tal como outras estirpes de fungos. Raramente causa doenças em humanos, mas resulta de doenças locais a infecções dispersas letais (Campos *et al*, 1996, Furukawa *et al*, 1998, Gautheret *et al*, 1995, Guiserix *et al*, 1996, Loeppky *et al*, 1983, Munoz *et al,* 1997). Provoca peritonite num doente diabético (Guiserix *et al,* 1996).

REFERÊNCIAS

Abe, H., S. Odashima e S. Arichi. (1981). Os efeitos das saikosaponinas nas membranas biológicas. Estudos de ultra-estrutura sobre os efeitos das saikosaponinas na estrutura celular. Planta. Med. 42: 356-363.

Abubakar, El.M.M. (2009). Atividade antibacteriana de extractos brutos de *Euphorbia hirta* contra algumas bactérias associadas a infecções entéricas. Jornal de Investigação de Plantas Medicinais. 3(7): 498-505.

Abubakar, El-M.M. (2010). Potencial antibacteriano de extractos brutos de folhas de *Eucalyptus camaldulensis* contra algumas bactérias patogénicas. Jornal Africano de Ciência das Plantas. 4(6): 202-209.

Abu-Darwish, M.S., Z.H. Abu-Dieyeh, B. Mufeed, A.R.M. Al-Tawaha, S.Y.A. Al-Dalain. (2009). Teores de oligoelementos e rendimentos de óleo essencial de plantas de tomilho selvagem (*Thymus serpyllum* L.) cultivadas em diferentes ambientes naturais variáveis, Jordânia. J. Food Agr. Environ. 7(3 and 4): 920-924.

Adesokan, A.A., M.A. Akanji e M.T. Yakubu. (2007). Potencial antibacteriano do extrato aquoso da casca do caule de *Enantia chlorantha*. Jornal Africano de Biotecnologia. 6 (22): 2502-2505.

Adeniyi, B.A., T.O. Lawal e S.B. Olaleye. (2006). Actividades antimicrobianas e gastroprotectoras de extractos brutos de *Eucalyptus camaldulensis* (Myrtaceae). J. Bio. Sci. 6(6): 1141-1145.

Adeniyi, B.A., R.O. Odufowoke e S.B. Olaleye. (2006). Propriedades antimicrobianas e gastroprotectoras de *Eucalyptus toreliana* (Myrtaceae). Extrato bruto. Revista Internacional de Farmacologia. 2:362-365.

Adongo, S.O., J. Murungi e R. Wanjau. (2012). Determinação dos níveis de elementos essenciais seleccionados nas plantas medicinais utilizadas pela comunidade de Chuka, Meru-Quénia, utilizando AAS. Revista Internacional de Ciências Físicas e Sociais. 2(5):69-82.

Ahmad, I. e A.Z. Beg. (2001). Estudos antimicrobianos e fitoquímicos em 45 plantas medicinais indianas contra agentes patogénicos humanos multirresistentes. Journal of Ethnopharmacology. 74:113-123.

Ahmad, L., Z. Mehmood e F. Mohammad (1998). Rastreio de algumas plantas medicinais indianas quanto às suas propriedades antimicrobianas. Journal of Ethnopharmacology. 62(2):183-193.

Akin-Osanaiye, B.C., A.S. Agbaji e M.A. Dakare. (2007). Atividade antimicrobiana de óleos e extractos de *Cymbopogon citrates, Eucalyptus citriodora* e *Eucalyptus camaldulensis*. J. Med. Sci. 7(4): 694-697.

Akinsulire, O.R., I.E. Aibinu, T. Adenipekun, T. Adelowotan e T. Odugbemi. (2007). Atividade antimicrobiana in vitro de extractos brutos de plantas *Bryophyllum pinnatum* e *Kalanchoe crenata*. Afr. J. Trad. CAM (2007) 4 (3): 338 - 344.

Akinyele, I. O. e O. Osibanjo. (1982). Levels of trace elements in hospital diet (Níveis de oligoelementos na dieta hospitalar). Food Chem. 8: 247-251.

Alamanos, Y. *et al.*, (2000). Um surto comunitário de enterite gastro

transmitido pela água e atribuído a *Shigella sonnei*. Epidemiologia e Infeção. 125:499503.
Alma, M.H., A. Mavi, A. Yildirim, M. Digrak e T. Hirata. (2003). Rastreio de compostos químicos e actividades antioxidantes e antimicrobianas in vitro dos óleos essenciais de *Origanum syracum* L. que crescem na Turquia. Biological and Pha rmaceutical Bulletin. 26:1725-1729.
Alma, M.H., S. Nitz, H. Kolimannsberger, K.M. Digra, F.T. Efe e N. Yilmaz. (2004). Composição química e atividade antimicrobiana dos óleos essenciais da Goma de Pistácio Turco (Pistaciavera L). J. Agri food Chem. 52(12):3911-3914.
Arceusz, A., I. Radecka e M. Wesolowski. (2010). Identificação da diversidade no conteúdo de elementos em plantas medicinais pertencentes a diferentes famílias de plantas. Food Chemistry. 120: 52-58.
Arora, D.S. e J. Kaur. (1999). Antimicrobial activity of spices (Atividade antimicrobiana das especiarias). International Journal of Antimicrobial agents. 12(3):257-262.
Arpadjan, S., G. Celik, S. Taskesen e S. Gucer. (2008). Arsénio, Cádmio e Chumbo em Ervas Medicinais e seu fracionamento. Food Chem. Toxicol. 46 (8): 2871-2875.
Awad, A.B. e C.S.Fink. (2000). Os fitoesteróis como componentes dietéticos anticancerígenos: provas e mecanismo de ação. J. Nutr. 130:2127-2130.
Ayepola, O.O. e B.A. Adeniyi. (2008). A atividade antibacteriana de extractos de folhas de *Eucalyptus camaldulensis* (Myrtaceae). Jornal de Investigação em Ciências Aplicadas. 4(11): 1410-1413.
Babayi, H., I. Kolo, J.I. Kogum e U.J.J. Ijah. (2004). As actividades antimicrobianas dos extractos metanólicos de *Eucalyptus camaldulensis e Terminalia catappa* contra alguns microrganismos patogénicos. Biokemistri. 16:106-111.
Bajwa, R. e S. Iftikhar. (2005). Atividade antifúngica de extractos de plantas alelopáticas. VI: Controlo in vitro de agentes patogénicos fúngicos por extractos aquosos de folhas de eucalipto. Mycopath. 3(1&2): 7-12.
Baker, C.N. e C.N. Thornsberg. (1983). Padronização do inóculo em testes de suscetibilidade antimicrobiana: avaliação de culturas com idade de uma noite. J. Clin. Microbiol. 17:140-157.
Balandrin, M.F. e A.J. Kjocke. (1985). Natural plant chemicals sources of industrial and medicinal meterials. Science. 28:1154-1160.
Banso, A. (2009). Investigação fitoquímica e antibacteriana de extractos de casca de *Acacia nilotica.* Jornal de Investigação de Plantas Medicinais. 3(2): 082-085.
Baquar, S.R. e M. Tasnif. (1967). Medicinal plants of Southern west Pakistan. PCSIR, Karachi. 50-53.
Baquar, S.R. (1989). Medicinal and Poisonous Plants of Pakistan (Plantas Medicinais e Venenosas do Paquistão). Printas Karachi Paquistão. pp# 506.
Barnard, D.L., J.H. Huffman, L.R. Meyerson e R.W.Sidewell. (1993). Modo

de inibição do vírus sincicial respiratório por flavonoide de planta. Chemotharpy. 39:212-217.

Bartram, J. *et al.*, eds. (2003) Heterotrophic plate counts and drinking-water safety: the significance of HPCs for water quality and human health. Série "Emerging Issues in Water and Infectious Disease" da OMS. Londres, IWA Publishing.

Beard, J.L. e H.D. Dawson. (1997). Ferro. In: O'Dell, B.L.; Sunde, R.A. (eds). Handbook of nutritionally essential minerals, Nova Iorque, Marcel Dekker Inc. pp# 275-334.

Begum, S. e B. S. Siddiqui. (1997). Triterpenoids from the Leaves of *Eucalyptus camaldulensis* var. obtusa. J. Nat. Prod. 60: 20-23.

Begum, S., I. Sultana, B. S. Siddiqui. (2002). Estrutura e atividade espasmolítica do ácido eucaliptanóico de Eucalyptus camaldulensis var. obtusa e síntese do seu derivado ativo a partir do ácido oleanólico. J. Nat. Prod. 65: 1939-1941.

Benavente-Garcia, O.*,* J. Castillo*, F.R.* Marin*, A.* Ortuno *e J.A.* Del Rio. *(*1997*).* Usos e propriedades dos flavonóides *dos citrinos.* J Agric Food Chem. 45*:* 4505-4515.

Bertea, C.M., J.R. Freije, H. Van Der Woude, F.W.A.Verstappen, L. Perk, e V. Marquez, *et al.* (2005). Identificação de Intermediários e Enzimas Envolvidos nos Primeiros Passos da Biossíntese de Artemisinina em Artemisia annua. Planta Med. 71: 40-47.

Bin, C., W. Xiaoru e F.S.C. Lee. (2001). Pirólise acoplada à espetrometria de absorção atómica para a determinação de mercúrio em materiais medicinais chineses. Analytica Chimica Ata. 447 (1-2): 161-169.

Bose, S. e A.K. Bhattacharyya. (2008). Acumulação de metais pesados em plantas de trigo cultivadas em solo alterado com lamas industriais. Chemosphere. 70:12641272.

Brody, T. (1999). Nutritional Biochemistry, 2nd Ed. San Diego, Academic Press.

Bush, R.K. e J.M. Portnoy. (2001). The role and abatement of fungal allergens in allergic diseases. J Allergy Clin Immunol. 107: S430_S440.

Campos-Herrero, M.I., A. Bordes, A. Perera, M.C. Ruiz e A. Fernandez. (1996). Peritonite por *Trichoderma koningii* num paciente submetido a diálise peritoneal. Clin. Microbiol. Newsl. 18:150-152.

Chao, S.C e D.G. Young (1998). Efeitos de uma mistura difusa de óleos essenciais na bioaerose bacteriana. J. Essent. Oil Res. 10:517-523.

Cook, N.C. e S. Samman. (1996). Flavonóides,-Química, metabolismo, efeitos cardioprotectores e fontes alimentares. Journal of Nutritional Biochemistry. 7(2): 66-76.

Coolborn, A.F. e B. Bolatito. (2010). Avaliação antibacteriana e fitoquímica de três plantas medicinais. Jornal de Produtos Naturais. 3(2010):27- 34.

Dahiya, S.S., S.S. Sheoran e S.Kr. Sharma. (2010). Atividade antibacteriana de *Amaranthus hybridus* linn. extractos de raiz. Jornal Internacional de

Biologia Aplicada e Tecnologia Farmacêutica. 1(1):46-49.
Dauchet, L., J. Ferrieres, *D.* Arveiler, *J.W.* Yarnell, *F.* Gey, *P.* Ducimetiere, Ruidavets *J.B.* e *B.* Haas. (2004). Frequência do consumo de fruta e legumes e doença coronária em França e na Irlanda do Norte: o estudo PRIME. Br. J. Nutr. 92: 963-972.
Davies, B. E. (1990). Cadmium in Heavy Metals in Soil. Alloway, B. J., Ed. Blackie: Glasgow. pp# 100.
Davis, J. (1994). Inativação de antibióticos e disseminação de genes de resistência. Science. 264:375-382.
Devi, K., G.K. Devi, G. Thirumaran, R. Arumugam e P. Anantharaman. (2010). Atividade Antibacteriana de Plantas Medicinais Seleccionadas das Regiões Costeiras de Parangipettai; Costa Sudeste da Índia. Revista Mundial de Ciências Aplicadas. 7 (9): 1212-1215.
Divrikli, U., N. Horzum, M. Soylak e L. Elci. (2006). Teores de metais pesados em algumas especiarias e plantas herbáceas da Anatólia Ocidental, Turquia. Int. J. Food Sci. Technol. 41:712-716.
Dongmo, B. N., P. M. J. Dongmo, L. T. Ngoune, N. L. Kwazou, P. H. A. Zollo e C. Menut. (2010). Actividades antifúngicas de óleos essenciais de algumas Myrtaceae dos Camarões em *Aspergillus flavus* Link ex. Fries. Asian J. Exp. Biol. Sci.1 (4): 907-914.
Dorman, H.J.D. e S.G. Deans. (2000). Agentes antimicrobianos de plantas: atividade antibacteriana de óleos voláteis de plantas. Journal of Applied Microbiology. 88: 308-316.
Doughari, J. H. A.M. El-Mahmood e B. Phillip. (2008). Avaliação do potencial antimicrobiano dos extractos da casca do caule de *Cochlospermum planchoni.* Jornal Africano de Farmácia e Farmacologia. 2(8):167-172.
Duke, J.A. e K.K. Wain. (1981). Medicinal plants of the world. Índice informático com mais de 85.000 entradas, 3 vols.
Durmaz, H., E. Sagun, Z. Tarakci e F. Ozgokce. (2006). Actividades antibacterianas de *Allium vineale, Chaerophyllum macropodum* e *Prangos ferulacea.* Jornal Africano de Biotecnologia. 5 (19):1795-1798.
Ebana, R.U.B., B.E. Madunagu, E.D. Ekpe e I.N. Otung. (1991). Microbiological Exploitation of cardiac glycosides and alkaloids from *Garcinia kola, Barreria ocymoides, Kola nitida and Citrus aurantifolia.* J. Appl. Biotechnol. 71:398-401.
Edeoga, H.O. D.E. Okwu e B.O. Mbaebie. (2005). Constituintes fitoquímicos de algumas plantas medicinais nigerianas. Revista Africana de Biotecnologia. 4(7): 685-688.
Edriss, A. E., Z. A. Alabjar e A. A. Satti. (2012). Rastreio fitoquímico de metabolitos secundários importantes em alguns extractos de duas plantas sudanesas. Jornal de Ciência Ambiental e Toxicologia. 1(8): 199-202.
Egwaikhide, P.A. e C.E. Gimba. (2007). Análise do conteúdo fitoquímico e da atividade antimicrobiana da planta inteira de *Plectranthus glandulosis.* Jornal do Médio Oriente de Investigação Científica 2 (3-4): 135-138.

Elizabeth, K.M., (2005). Atividade antimicrobiana de *Terminalia bellerica*. Jornal Indiano de Bioquímica Clínica. 20:150-153.

Elmer, P. (1982). Catálogo do Espectrofotómetro de Absorção Atómica (AAS), n.º 3300 USA: Ay-3 a Ay-5.

Eloff, J. N. (1998). Que extrato deve ser utilizado para o rastreio e isolamento de compostos antimicrobianos de plantas. J. Ethnopharm. 60: 1-8.

Emeruwa, K.C. (1982). Substâncias antimicrobianas de extractos de frutos de *Cacaya papaya*. J. Nat. Prod. 45(2): 123-127.

Eschete, M.L., J.W. King, B.C. West e A. Oberle. (1981). Penicillium chrysogenum endopthalmitis. Primeiro caso relatado. Mycopthologia. 74: 125-127.

Essien, J.P e E.J. Akpan. (2004). Atividade antifúngica de extractos etanólicos de folhas de *Eucalyptus camaldulensis* contra o agente patogénico da micose. Glob. J. Pure Appl. Sci. 10:37-41.

Falahati, M. N.M. Tabrizib e F. Jahaniani. (2005). Actividades antidermatófitas do *Eucalyptus camaldulensis* em comparação com a Griseofulvina. Iranian Journal of Pharmacology and Terapeutics. 4:80-83.

Farag, R.S., Z.Y. Daw, F.M. Hewedi e G.S.A. El-Baroty. (1989). Atividade antimicrobiana de alguns óleos essenciais de especiarias egípcias. J. Food Prot. 52: 665-667.

Farrukh, U., H. Shareef, S. Mahmud, S.A. Ali e G.H. Rizwani. (2008). Actividades antibacterianas de Coccinia grandis L. Pak. J. Bot. 40(3):1259-1262.

Fawzi, E.M., A.A. Khalil e A.F. Afifi. (2009). Efeito antifúngico de alguns extractos de plantas em *Alternaria alternata* e *Fusarium oxysporum*. Jornal Africano de Biotecnologia. 8(11):2590-2597.

Finnermore H., J.M. Cooper, M.B. Stanley, J.H. Cobcroft e L.J. Harris. (1988) .... indicar o título do artigo aqui .... J. Soc. Chem. Ind. 57: 162-169.

Fluck, H. (1973). Medicinal plantd and their uses. W. Feulsham and company Ltd. Nova Iorque. pp#7-15.

Friberg, L., G.F. Nordbergs e V.B. Vouk. (1986). Hand book on the toxicology of metals 2nd ed., Amsterdão, Oxford: Vol.2. Vol.2, Amesterdão, Oxford: Elsevier Science Publishers BV, NewYork. pp#43,132,185,233,324-325,333-338 & 387.

Furukawa, H., S. Kusne, D.A. Sutton, R. Manez, R. Carrau, L. Nichols, K. Abu-Elmaged, D. Skedros, S. Todo e M.C. Rinaldi. (1998). Sinusite invasiva aguda devida a *Trichoderma longibrachiatum* num recetor de transplante de fígado e intestino delgado. Clin. Infect Dis.26:487-489.

Gautheret, A., F. Dromer, J. Bourhis e A. Andremont . (1995). *Trichoderma pseudokoningii* como causa de infeção fatal num recetor de transplante de medula óssea. Clin. Infect Dis. 20:1063-1064.

Ghalem, B.R. e B. Mohamed. (2008). Atividade antibacteriana dos óleos essenciais das folhas de *Eucalyptus globulus* e *Eucalyptus camaldulensis*. Jornal Africano de Farmácia e Farmacologia. 2(10):211-215.

Ghoshal, S., B.N.K. Prasad e V. Lakshmi. (1996). Atividade antiamebiana do fruto de *Piper longum* contra *Entameoba histolytica* in vitro e in vivo. Jornal de etnofarmacologia. 50:167-170.
Goldstein, G.W. (1992). Conceitos neurológicos de envenenamento por chumbo em crianças. Anais de Pediatria. 21(6): 384-388.
Gray, A.M e P.R. Flatt. (1998). As acções anti-hiperglicémicas do *Eucalyptus globulus* estão associadas a efeitos pancreáticos e extra-pancreáticos em ratos. Journal of Nutrition. 128:2319-2323.
Grodner, M., S. Anderson e S. Deyoung (2000). Foundation and clinical applications of nutrition, 2nd Ed. Mosby Inc., St. Louis, Missouri. pp# 45-107.
Guiserix, J., R. Ramdane, P. Finielz, A. Michault e P. Rajaonarivelo. (1996). Peritonite por *Trichoderma harzianum* em diálise peritoneal. Nephron. 1996;74:473-474.
Gulbranson, S.H., J.A. Hud e R.C. Hansen. (2000). Argiria após o uso de suplementos alimentares contendo proteína de prata coloidal. Cutis. 66: 373-376.
Gunaselvi, G., V. Kulasekaren e Dr. V. Gopal. (2010). Atividade antibacteriana e antifúngica de vários extractos de folhas de Hardwickia binata roxb. (Caesalpinaceae). Jornal Internacional de Investigação Farmacêutica. 2(4):2183- 2187.
Gupta, G.N., K.G. Parsad, S. Mohan, V. Subramaniam e P. Manovachkam. (1990). Efeito da alcalinidade na sobrevivência e crescimento de mudas de árvores. J. Indian Soc. Soil Sci. 36: 537-42.
Hambridge, K.M., C.E. Casey, N.F. Krebs. (1987). Zinco. In: Mertz W, ed. Trace elements in human and animal nutrition, 5th ed., Volume 2. Volume 2. Orlando, FL, Academic Press. 1-137.
Hammer, K.A., C.F. Carson e T.V. Riley. (1999). Antimicrobial activity of essential oils and other plant extracts (Atividade antimicrobiana de óleos essenciais e outros extractos de plantas). Journal of Applied Micrbiology. 86:985990.
Harborne, J. B. (1973). Phytochemical Methods: A Guide to Modern Techniques of plant Analysis. Chapman and Hall Ltd, Londres. pp# 279.
Harborne, J.B. (1973). Phytochemical Methods. 3ª Edição. Chapman and Hall Ltd., Londres. pp# 135-203.
Harborne, J. B. (1984). Phytochemical Methods: A Guide to Modern Technique of Plant Analysis. 2nd edition. Chapman and Hall, Londres. pp# 1, 19, 37 - 168.
Haudenschild, C. e R. Croteau. (1998). Engenharia molecular da produção de monoterpenos. Genet. Eng. 20: 267-280.
Helander, I.M., H.L. Alakomi, K. Latva-Kalak, T. Matila-Sandholm, I. Pol, E.J. Smid, L.G.M. Gorris e A.Von-Wright. (1998). Caracterização da ação de componentes seleccionados de óleos essenciais em bactérias gram-negativas. Journal of Agriculture and Food Chemistry. 46:3590-3595.

Hema, R., S. Kumaravel e N. Elanchezhiyan. (2009). Atividade antimicrobiana de algumas das especiarias e ervas do Sul da Índia contra agentes patogénicos alimentares. Global Journal of Pharmacology. 3(1): 38-40.
Hema, R., S. Kumaravel e N. Elanchezhiyan. (2009). Atividade antimicrobiana de algumas das especiarias e ervas do Sul da Índia contra agentes patogénicos alimentares. Global Journal of Pharmacology. 3(1): 38-40.
Hina, B., G.H. Rizwani e S. Naseem. (2011). Determinação de metais tóxicos em alguns medicamentos à base de plantas através da Espectroscopia de Absorção Atómica. Pak. J. Pharm. Sci. 24(3):353-358.

Hunter, I. (2001). Biomassa acima do solo e absorção de nutrientes de três espécies arbóreas (*Eucalyptus camaldulensis, Eucalyptus grandis* e *Dalbergia sissoo)* em função da irrigação e dos fertilizantes aos três anos de idade no Sul da Índia. Forest Ecol. Manag. 144: 189-99.

Igbinosa, O.O. E.O. Igbinosa e O.A. Aiyegoro. (2009). Atividade antimicrobiana e rastreio fitoquímico de extractos de casca de caule de *Jatropha curcas* (Linn). Jornal Africano de Farmácia e Farmacologia. 3(2):058-062.

Inouye, S., T. Takizawa e H. Yamaguchi. (2001). Atividade antibacteriana de óleos essenciais e seus constituintes principais contra agentes patogénicos do trato respiratório por contacto gasoso. J. Antimicrob. Chemother. 47:565-573.

Islam, E., X. Yang, Z. He e Q. Mahmood. (2007). Avaliação da toxicidade alimentar potencial dos metais pesados inseleccionados em legumes e culturas alimentares. J. Zhejiang Univ.Sci. B. 8(1): 1-13.

Islam, M.J., S. Barua, S. Das, M.S. Khan e A. Ahmed. (2008). Atividade Antibacteriana de Algumas Plantas Medicinais Indígenas. J.Soil.Nature. 2(3): 26-28.

Itanna, F. (2002) Metais em vegetais de folha cultivados em Adis Abeba e implicações toxicológicas. Ethiop. J.Health Dev. 16(3): 295-302.

Iwu, M. W., A. R. Duncan e C.O. Okunji. (1999). Novos antimicrobianos de origem vegetal. In: Janick J. ed. Perspectives on New Crops and New Uses. Alexandria, VA: ASHS Press. pp#457- 462.

Jamine, R., P. Daisy, B.N. Selvakumar. (2007). Eficácia in vitro dos flavonóides das sementes de *Eugenia jambolana* contra bactérias entéricas multirresistentes produtoras de ES^L. Jornal de Investigação de Microbiologia. 4:369-374.

Jansen, A.M., J.J.C. Cheffer e A.B. Svendsen. (1978). Antimicrobial activity of essential oils, a 1976-1986 literature review. Aspectos dos métodos de ensaio. Planta Med. 40:359-398.

Jazani, N. H., P. Mikaili, J. Shayegh, N. Haghighi, N. Aghamohammadi, M. Zartoshti. (2012). O extrato hidro-alcoólico de folhas de *Eucalyptus camaldulensis* Dehnh. Tem Atividade Antibacteriana em Isolados de Bactérias Resistentes a Múltiplos Medicamentos. Revista de Ciências Biológicas Aplicadas.

6(1): 37-40.
Jigna, P e V.C. Sumitra (2007). Atividade antimicrobiana in vitro e análise fitoquímica de algumas plantas medicinais indianas. Turk. J. Biol. 31: 53-58.
Jorge, d. l. H., P. Ma~nas e J. Labrador. (2005). Efeitos de Várias Aplicações de Lamas de Esgoto Digeridas no Solo e nas Plantas. Journal of Environ.l Sci. and Health. A.40: 437-451.
Jouki, M., e N. Khazaei. (2010). As Actividades Antimicrobianas de Extractos Metanólicos de *Eucalyptus camaldulensis* contra *Bacillus subtilis*, *Staphylococcus aureus* e *Escherichia coli*. Jornal de Investigação em Ciências Agrárias. 6: 6367.
Kandaswami, C. e E. Middleton. (1997). Flavonods como antioxidantes. In: F. Shahdi, Editor, Natural antioxidants. Chemistry health effects and practical applications. Imprensa AOCS, Champaign, IL. pp#174-194.
Katooli, N., R. Maghsodlo e S. E. Razavi. (2011). Avaliação do óleo essencial de eucalipto contra alguns fungos patogénicos de plantas. Journal of Plant Breeding and Crop Science. 3(2): 41-43.
Kaul, T.N., E Middletown e P.L.Jr. Ogra. (1985). Efeito antiviral dos flavonóides em vírus humanos. Journal of Med. Virol. 15:171-179.
Khalid, A., A. Waseem, M. Saadullah, U-Ur-Rehman, S. Khiljee, A. Sethi, M.H.H.B. Asad, F. Rasool, M.K. Waqas e Ghulam Murtaza. (2011). Análise da atividade antibacteriana de extractos de várias plantas contra bactérias gram positivas e gram negativas. Jornal Africano de Farmácia e Farmacologia. 5(7): 887-893.
Khanahmadi, M., S.H. Rezazadeh e M. Taran. (2010). Propriedades antimicrobianas e antioxidantes in vitro do extrato de *Smyrnium cordifolium* Boiss. (Umbelliferae) Extract. Asian J. Plant Science. 9(2): 99 -103.
Khan, H., M.A. Khan e I. Hussan. (2007). Actividades de inibição de enzimas dos rizomas de *Gloriosa superba* Linn (Colchicaceae). J. Enzyme Inhib.Med. Chem. 22: 722-725.
Khan, M.A., I. Ahmad e I.Ur. Rahman. (2007). Efeito da poluição ambiental no teor de metais pesados de *Withania somnifera*. Jornal da Sociedade Chinesa de Química. 54:339-343.
Khan, M. N., O. Ngassapa e M. Matee. (2000). Atividade antimicrobiana de paus de mascar da Tanzânia contra micróbios patogénicos orais. Biologia Farmacêutica. 38: 235-240.
Khan, M.A., H.Inayat, H. Khan, M. Saeed, I. Khan e I.Ur. Rahman. (2011). Actividades antimicrobianas da planta inteira de *Cestrum nocturnum* contra microrganismos patogénicos. Jornal Africano de Investigação em Microbiologia. 5(6):612-616.
Kirmani, M.Z., S. Mohiuddin, F. Naz, I.I. Naqvi e E. Zahir. (2011). Determinação de alguns metais tóxicos e essenciais em algumas plantas medicinais e comestíveis da cidade de Karachi. Jornal de Ciências Básicas e Aplicadas. 7: (2) 8995.
Klausmeyer, P., G.N. Chmurny, T.G. McCloud, K.D. Tucker e R.H.

Shoemaker. (2004). Um novo alcaloide antimicrobiano indolizinium de *Aniba panurensis*. Jornal de Produtos Naturais. 67:1732-1735.
Kubmarawa, D., G.A. Ajoku, N.M. Enwerem e D.A. Okorie. (2007). Rastreio preliminar fitoquímico e antimicrobiano de 50 plantas medicinais da Nigéria. Jornal Africano de Biotecnologia. 6(14):1690-1696.
Kumar, Y.S., Deepika, Jalalpure e S. Prem. (2010). Triagem fitoquímica de vários extractos da casca do caule da planta *Bahunia racemosa*. Jornal Internacional de Pharma. Research and Development. 2(5):1-6.
Ladan, Z. J.O. Amupitan, E.M. Okonkwo, I.A. Aimola e N. Habila. (2009). Potência antimicrobiana dos extractos de folhas de *Hyptis spicigera* contra alguns microrganismos patogénicos. Jornal de Investigação de Plantas Medicinais. 3(11): 905-908.
Lasisi, A.A. B.C. Ejelonu, F.O. Nwosu, M.A. Olayiwola e A.A. Yusuff. (2006). Conteúdo de metais pesados e macronutrientes em plantas herbáceas seleccionadas do sudoeste da Nigéria. Hamdard Medicus, XLIX(4): 71-76.
Lavigne, J.P. C. Defez, N. Bouziges, A. Mahamat e A. Sotto. (2007). Epidemiologia clínica e molecular das infecções por Citrobacter spp. multirresistentes num hospital universitário francês. Eur. J. Clin. Microbiol. Infect. Dis. 26:439-441.
Lawal, I.O., T.I. Borokini, A. Oyeleye, O.A. Williams, J.O. Olayemi. (2012). Avaliação do Extrato de Ficus Exasperata Vahl Root Bark para Actividades Antimicrobianas contra Algumas Estirpes de Isolados Clínicos de Bactérias e Fungos. Revista Internacional de Botânica Moderna. 2(1): 6-12.
Layman, D.K., H. Shiue, C. Sather, D. Erickson e J. Baum. (2003). O aumento da proteína alimentar modifica a homeostase da glicose e da insulina em mulheres adultas durante a perda de peso. J. Nutr. 133:405-410.
Lee, K.G e T. Shibamoto. (2001). Inibição da formação de malonaldeído a partir da oxidação do plasma sanguíneo por extractos de aroma e componentes aromáticos isolados de cravinho e *eucalipto*. Food and Chemical Toxicology.39:1199-1204.
Lin, F., M. Hasegawa e O. Kodama. (2003). Purificação e identificação de lactonas sesquiterpénicas antimicrobianas de folhas de yacon (*Smallanthus sonchifolius)*. Biociência, Biotecnologia e Bioquímica. 67:2154-2159.
Lin, Z.J., S.X. Qiu, A. Wufuer e L. Shum. (2005). Determinação simultânea da glicirrizina, um componente marcador do Radix glycyrrhizae, e do seu principal metabolito, o ácido glicirrético, no plasma humano por LC-MS/MS. J. Chromatogr. B Analyt. Technol. Biomed. Life Sci. 814(2): 201-207.
Loeppky, C.B., R.F. Sprouse, J.V. Carlson e E.D. Everett. (1983). Peritonite por *Trichoderma viride*. South Med. J. 76:798-799.
Machado, T.B., A.V. Pinto, M.C. Pinto, I.C. Leal, M.G. Silva, A.C. Amaral, R.M. Kuster e K.R. Netto-dos Santos. (2003). Atividade in vitro de plantas medicinais brasileiras, naftaquinonas naturais e seus análogos contra *Styphylococcus aureus* resistente à meticilina. International Journal of Antimicrobial Agents. 21:279-284.

Mahmoudabadi, A.Z. e M.K.G. Nasery. (2009). Atividade antifúngica da chalota, *Allium ascalonicum* Linn. (Liliaceae), in vitro. Journal of Medicinal Plants Research. 3(5):450-453.
Majorie, M. C. (1999). Produtos vegetais como agentes antimicrobianos. Clin.Microbiol. Rev. 12(4): 564-582.
Margineanu, V.C., V. Cucu, L. Grecu e C. Parvu. (1976). Ação anticandidal da saponina de *primula* specie. Planta. Med. 30: 35 - 38.
Maria, C.R., A. Herra, R.M. Martinez, J.A. Sotomayor e M.J. Jordan. (2008). Atividade antimicrobiana e composição química dos óleos essenciais de *Thymus vulgaris, Thymus zygis e Thymus hyemalis*. Food Control. 19(7):681-687.
Marino, M., C. Bersani e G. Comi. (2001). Medição da impedância para estudar a atividade antimicrobiana do óleo essencial de Lamiaceae e Compositae. Jornal Internacional de Microbiologia Alimentar. 67:187.
Marshall, J.P. II, R.P. Schneider. (1977). Argiria sistémica secundária a nitrato de prata tópico. Arch Dermatol. 113: 1077-1079.
McCaskill, D. e R. Croteau. (1998). Algumas advertências para a bioengenharia do metabolismo dos terpenóides nas plantas. Trends Biotechnol. 16: 349-355.
McGarry, S.J. e A.J. Williams. (1993). Digoxin activates sarcoplasmic reticulum Ca (21)-release channels: a possible role in cardiac inotropy. Br. J. Pharmacol. 108:1043-1050.
McGrath, S. P., e S. Smith. (1990). Chromium and Nickel in Heavy Metals in Soils. Alloway, B. J., Ed.; Blackie: Glasgow. pp # 125-150.
Mehani, M., e S. Ladgel. (2012). Efeito Antimicrobiano dos Óleos Essenciais da Planta *Eucalyptus Camaldulensis* em Algumas Bactérias Patogénicas. Revista Internacional de Ciência e Desenvolvimento Ambiental. 3(2): 86-88.
Mehraban, F., N.O. Tabrizib e F. Jahaniani. (2005). Actividades antidermatófitas do *Eucalyptus camaldulensis* em comparação com a griseofulvina. Jornal Iraniano de Farmacologia e Terapêutica. 4:80-83.
Middleton, E. e C. Kandaswami. (1993). O impacto dos flavonóides vegetais na biologia dos mamíferos: implicações para a imunidade, inflamação e cancro. In: Harbone JB (ed.) The Flavonoids: Advances in Research Since 1986. Chapman and Hall, Londres.
Mohammed, G., A. Ayotunde S., I. Bashir, B. M. Aji, S Aliyu M, e M. Hauwa. (2012). Avaliação comparativa do uso etno-medicinal de duas espécies de plantas de *eucalipto* como agente antimicrobiano. Revista Internacional de Ciência e Tecnologia. 2(8): 548-550.
Moreman, D.E. (1998). Native American Ethnobotany. Timber Press, Orgo. pp# 473-475.
Mulligan, M.E., K.A. Murry-Leisure, B.S. Ribner, H.C. Standiford, J.F. John, J.A. Karvick, C.A. Kauffman e V.L. Yu. (1993). *Staphylococcus aureus* resistente à meticilina. American Journal of Medicine. 94:313-328.
Munoz, F.M., G.J. Demmler, W.R. Travis, A.K. Ogden, S.N. Rossmann e

M.G. Rinaldi. (1997). Infeção por *Trichoderma longibrachiatum* num doente pediátrico com anemia aplástica. J. Clin. Microbiol. 35:499-503.
Murray, B.E. (1990). The life and times of the *Enterococcus*. Clin. Microbiol. Rev. 3:46-65.
Musa, D. A., F. O. C. Nwodo e E. Ojogbane. (2011). Estudos fitoquímicos, antibacterianos e de toxicidade do extrato aquoso de *Euclayptus camaldulensis*. Jornal Asiático de Ciência e Investigação Vegetal. 1(3): 1-10.
Najem, A.M., A. L. M. Jawad e A. W. Raof. (2011). Avaliação da atividade antagonista do óleo essencial de *Eucalyptus camaldulensis* no controlo de algas e microrganismos associados. Revista Internacional de Investigação Científica e de Engenharia. 2(9): 1-8.
Nakayama, R., M. Murata, S. Homma e K. Aida. (1990). Compostos antibacterianos de *Eucalyptus perriniana*. Química Agrícola e Biológica. 54:231-232.
Natarajan. D., S.J. Britto, K, Srinivasan, N. Nagamurugan, C. Mohanasundari e G. Perumal (2005). Atividade antibacteriana da *Euphorbia fusiformis* - uma erva medicinal rara. Jornal de Etnopharmacologia. 102:123-126.
Ngwendson, J.N., E. Bedir, S.M. Efange, C.O. Okunji, M.M. Iwu, B.G. Schuster e I.A. Khan. (2003). Constituintes das sementes de *Peucedanum zenkeri* e seus efeitos antimicrobianos. Pharmazie. 58:587-589.
Obianjunwa, E.I., C. Adeleke, O. Adebaj e O. Omubuwajo. (2004). Conteúdo de elementos essenciais e vestigiais de algumas plantas medicinais nigerianas. Journal of Radioanalytical and Nuclear Chemistry. 252 (3): 473-476.
Obi, E. D.N. Akunyili, B. Ekpo e O.E. Orisakwe. (2006). Perigos de metais pesados em remédios à base de plantas nigerianos. Sci.Total Environ. 369(1-3): 35-41.
Odds, F. C. (1989). Atividade antifúngica do saperconazol (R.66905) in vitro. J. Antimicrobiol. Chemother. 24: 533-537.
Odunbaku,O.A e O.A. llusanya (2008). Atividade antibacteriana dos extractos etanólico e metanólico de folhas de algumas plantas tropicais em alguns micróbios patogénicos humanos. Revista de investigação em agricultura e ciências biológicas. 4(5):373-376.
Odunbaku, O. A. O.A. Ilusanya e K.S. Akasoro. (2008). Atividade antibacteriana do extrato etanólico de folhas de *Ficus exasperata* em *Escherichia coli* e *Staphylococcus albus*. Investigação Científica e Ensaio. 3 (11): 562-564.
OgunleyeF, D.S. e S. F. Ibitoye. (2003). Estudos da atividade antimicrobiana e dos constituintes químicos da *Ximenia Americana*. Tropical Journal of Pharmaceutical Research. 2 (2): 239-241.
Oguyemi A.O. e Sofowora A. (1979). Actas de uma Conferência sobre Plantas Medicinais Africanas. Ife-Ife: Univ Ife. pp# 20-22.
Ojala. T., S. Remes, P. Haansuu, H. Vuorela, R. Hiltunen, K. Haahtela e P. Vuorela. (2000). Antimicrobial activity of some coumarin containing herbal plants growing in Finland. Journal of Ethnopharmacology. 73(1-2): 299-305.

Okwu, D. E. (2001). Avaliação da composição química de especiarias e agentes aromatizantes indígenas. Global J. Pure Appl. Sci. 7(3): 455- 459.
Okwu, D. E. (2004). Fitoquímicos e teor vitamínico de especiarias indígenas do Sudeste da Nigéria. J. Sustain. Agric. Environ. 6: 30-34.
Okwu, D. E. e C. Josiah. (2006). Avaliação da composição química de duas plantas medicinais nigerianas. African J. Biotechnology. 5(4): 357-361.
Olafimihan, C.A e M.O. Fawole. (2003). Propriedades antibacterianas da casca do caule de azardica indica (a árvore neem). J.Pure Appl.Sci. 18:1407-1412.
Oliver-Bever, B. (1986). Plantas medicinais na África Ocidental Tropical. In: Okwu DE, Emenike IN, Evaluation of the phytonutrients and vitamin content of Citrus fruits. Int. J. Mol. Med. Adv. Sci. 2 (1): 1-6.
Oloyede, O.I. (2005). Chemical Profile of Unripe Pulp of *Carica papaya (*Perfil químico da polpa verde de *Carica papaya).* Jornal de Nutrição do Paquistão. 4 (6): 379-381.
Ortolani, S. e S. Vai. (2006). Ranelato de estrôncio: Um aumento da qualidade óssea que conduz a uma eficácia anti-fratura vertebral em todas as fases. Bone. 38:19-22.
Oyedeji, A., O. Ekundayo, O. Olawore, B. A. Adeniyi e W. Koenig. (1999). Antimicrobial activity of the essential oils of five *Eucalyptus species* growing in Nigeria, Fitoterapia. 70: 526-528.
Paddock, K.J.V e R. Wise. (1989). Mecanismo de resistência às quinolonas e perspetiva clínica. Journal of Antimicrobial Chemotherapy. 23:475-483.
Palanisamy, P., B. Jayakar, M.V. Kumuthavalli, Y. Kumar e K.R. Srinth. (2012). Avaliação fitoquímica preliminar do extrato de planta inteira de *Dipteracanthus prostrates* nees. Revista Internacional de Investigação em Farmácia. 3(1):150-153.
Pamplona-Roger, G.D. (1999). Enciclopédia de plantas medicinais. Vol. 1&2. (2nd edition). Biblioteca de Educação e Saúde, União Europeia. Reino Unido. pp# 128150.
Parekh, J. e S.V. Chanda. (2007). Atividade antimicrobiana in vitro e análise fitoquímica de algumas plantas medicinais indianas. Turk J.Biol. 31:53-28.
Parvez, M.A.K., Md.M.H. Khan, Md.Z. Islam e S.M. Hasan. (2005). Actividades antimicrobianas dos extractos de éter de petróleo, metanol e acetona do rizoma de *Kaempferia galanga* L. J. Life Earth Science. 1(1):25-29.
Pascaline, J., M. Charles, C. Lukhoba e O. George. (2011). Constituintes fitoquímicos de algumas plantas medicinais utilizadas pelos Nandis do distrito de South Nandi, Quénia. Jornal de Ciências Animais e Vegetais. 9(3):1201-1210.
Pathak, P., Dr. Saraswathy, A. Vora e J. Savai. (2010). Atividade antimicrobiana in vitro e análise fitoquímica das folhas de *Annona muricata.* International Journal of Pharma. Research and Development. 2(5):1-6.
Pattanaik, S., V.R. Subramanyam e C. Kole. (2002). Atividade antibacteriana

e antifúngica dos óleos essenciais in vitro. Microbiosis. 86: 237-246.
Pegram GC, Rollins N, Espay Q (1998) Estimando o custo da diarreia e da disenteria epidémica em Kwa-Zulu-Natal e na África do Sul. Water SA. 24:11-20.
Pendias, A. K., e H. Pendias. (1984). Trace Elements in Soils and Plants (Oligoelementos em Solos e Plantas); 1ª ed., Boca Raton, Fl. Boca Raton, Fl: CRC press. pp # 365.
Quilez, J., P.Garcia-Lorda e J.Salas-Salvado. (2003). Potenciais usos e benefícios dos fitoesteróis na dieta: situação atual e direcções futuras. Clin. Nutr. 22(4):343-351.
Radulescu, C., C. Stihi, I.V. Popescu, V. Cimpoca, I. Ionita, I.D. Dulama, A. Chilian e O.R. Bancuta. (2012). Avaliação do nível de metais pesados em algumas plantas medicinais perenes por Espectrometria de Absorção Atómica de Chama. Journal of Science and Arts. 2(19):177-188.
Rahman, M.U., S. Gul e E.A. Odhano. (2008). Actividades Antimicrobianas do óleo de *Ferula assafoetida* contra Bactérias Gram Positivas e Gram Negativas. American-Eurasian J. Agric. & Environ. Sci. 4 (2): 203-206.
Rajurkar, N.S. e M.M. Damame (1997). Análise elementar de algumas plantas herbáceas utilizadas no tratamento de doenças cardiovasculares por NAA e AAS. Journal of Radioanalytical and Nuclear Chemistry. 219 (1): 77-80.
Rao, A.V. e R.Koratkar. (1997). Efeitos anticarcinogénicos de saponinas e fitoesteróis. Série de Simpósios ACS. 662:313-324.
Rastogi, R.P., e B. N. Mehrotra. (1995). Compêndio de Plantas Medicinais Indianas. CDRI, Lucknow, Direção de Publicação e Informação, Nova Deli. 4: 297-300.
Relatório. (1988). The nature and extent of lead poisoning in children in the United States. Um relatório para o Congresso. Atlanta, GA, Departamento de Saúde e Serviços Humanos dos Estados Unidos.
Rice-Evans, C.A., N.J. Miller, P.G. Bolwell, P.M. Bramley, e J.B. Pridham. (1995). As actividades antioxidantes relativas dos flavonóides polifenólicos derivados de plantas. Free Radical Res. 22: 375-383.
Rios, J. L., e M. C. Recio. (2005). Plantas medicinais e atividade antimicrobiana. J. Ethnopharm. 100: 80-84.
Rrobert, S.B. e N.M. Scott. (1998). The significance of metal hyperaccumulation for biotic interactions, Chemoecology. 8. pp# 1-7.
Robin, E.H., W. Anril, M. Alexander, M. Loeto e K. Keith. (1998). Transporte nasofaríngeo e resistência antimicrobiana em isolados de *Streptococcus pnemoniae e Heamophilus influenza* Type b em crianças com idade inferior a 5 anos de idade no Botsuana. Revista Internacional de Doenças Infecciosas. 3(1):18-25.
Rodriguez-Concepcion, M. (2004). A via MEP: um novo alvo para o desenvolvimento de herbicidas, antibióticos e medicamentos antimaláricos. Curr. Pharm. Des. 10: 2391-2400.
Sahu, S.C. e S. Green. (1997). Antioxidantes alimentares: o seu papel na

carcinogénese. In: S. Baskin e H. Saleem, Editores, Oxidants, antioxidants and free radicals, Taylor and Francis, Washington. pp#329-330.
Salim, R. M.M. Al-Subu e A. Ataullah. (1993). Efeitos de tratamentos radiculares e foliares com chumbo, cádmio e cobre na distribuição da absorção e crescimento de plantas de rabanete. 19(4):393-404.
Sama, K. e X.V. Raja A. (2011). O que é a saúde e o bem-estar? Revista Internacional de Investigação em Farmácia. 2(10):42-43.
Samonis, G., D.E. Karageorgopoulus, D.P. Kofteridis, D.K. Matthaiou, V. Sidiropoulou, S. Maraki e M.E. Falagas. (2009). Infecções por Citrobacter num hospital geral, características e resultados. Eur. J. Clin. Microbiol. Infect. Dis. 28:61-68.
Saxena, G., A.R. McCutcheon, S. Farmer, G.H.N. Towers e R.E.W. Hancock (1994). Constituintes antimicrobianos de *Rhus glabra*. J. Ethnopharmacol. 42:95-99.
Seth, R. e R. Sarin. (2010). Análise do conteúdo fitoquímico e da atividade antimicrobiana de *Jatropha gossypifolia* L. Archives of Applied Science Research. 2(5):285-291.
Schafer U., (2004). Manganês, In: Elements and their Compounds in the Environment, 2[n] Ed., Editado por Merian E., Anke M., Ihnat M., Stoepler M., Wiley-VCH, Weinheim. pp# 901-930.
Schatzmann, H.J. (1953). Herzglycoside als Hemmstoffe fur den aktivenKalium- und Natriumtransport durch die Erythrocytenmembran Helv Physiol. Pharmacol. Ata. 11:346-354.
Schultz, J.C. (1988). Interação tanino-inseto. In: Hemingway R.W., Karchesy J.J., Editores. Chemistry and Significance of condensed tannins. Nova Iorque. N.Y: Plenum-Press. pp# 553.
Schulz, V., R. Hansel e V.E. Tyler. (1998). Fitoterapia racional. 3rd edition. Springer-Berlin, Alemanha. pp#146-147.
Schumann, K., (2001). Aspectos de segurança do ferro nos alimentos. Ann. Nutr. Metab. 45:91101.
Shadomy, S. A. Espinel-Ingrof. e R. J. Gebhar. (1985). Estudos in vitro com sf 86-327, novos derivados de alilamina oralmente activos. I. Med. Vet. Mycologia. 23: 125-132.
Shagal, M.H., D. Kubmarawa, K. Tadzabia e K.I. Dennis. (2012). Avaliação dos potenciais fitoquímicos e antimicrobianos dos extractos de raízes, cascas de caule e folhas de *Eucalyptus camaldulensis.* Jornal Africano de Química Pura e Aplicada. 6(5):74-77.
Shanker, A. K., C. Cervantes, H. L. Tavera e S. Avudainayagam. (2005). Toxicidade do crómio nas plantas. Environ. Int. 31: 739-753.
Shariff, Z. U. (2001) Modern Herbal Therapy for Common Ailments. Nature Pharmacy Series (Volume 1), Spectrum Books Limited, Ibadan, Nigéria em associação com Safari Books (Export) Limited, Reino Unido. pp# 9 - 84.
Sharma, A., e K. Sharma. (2011). Ensaio da atividade antifúngica de *Lawsonia inermis* Linn. e *Eucalyptus citriodora* Hook. Journal of Pharmacy Research.

4(5): 1313-1314.
Sharma, S.N. e S.C. Adlakha. (1996). Texbook of Veterinary Microbiology. Publicado por Vikas Publishing House Pvt.Ltd. New Delhi.
Shelley, W.B., E.D. Shelley e V. Burmeister. (1987). Argiria: a "fotografia" intradérmica, uma manifestação de fotossensibilidade passiva. J. Am. Acad. Dermatol. 16: 211-217.
Shinwari, Z.K., A.A. Khan e K. Nakaike (2003). Medicinal and other useful plants of District Swat, Pakistan. Al Aziz Communication, Peshawar, Paquistão.
Siddiqui, B.S., B.S. Farhat e S. Siddiqui. (1997). Isolamento e elucidação estrutural de triterpenóides pentacíclicos acilados das folhas de *Eucalyptus camaldulensis var.obtusa*. Planta Medica. 63:47-50.
Siddiqui, B. S., I. Sultana e S. Begum (2000). Constituintes triterpenoidais das folhas de *Eucalyptus camaldulensis* var. obtusa. Phytochemistry. 54: 861865.
Siegfried, E.D., K.E. Mudan, S.F. van Vuuren e A.M. Viljoen. (2006). Diterpenos antimicrobianos monoméricos e diméricos das folhas de *Helichrysum tenax* var tenax. Phytochemistry. 67(7):716-722.
Sienkiewicz, M., P. Denys, E. Kowalczyk. (2011). Efeito antibacteriano e imunoestimulador dos óleos essenciais. Int. Rev. Allergol. Clin. Immunol. 17(1-2): 40-44.
Singh, M., M.A. Chudhary, J.N.S. Yadava e S.C. Sanyal. (1992). The spectrum of antibiotic resistance in human and veterinary isolates of *Escherichia coli* collected from 1984-1986 in Northern India. Journal of Antimicrobial Chemotherapy. 29:159-168.
Singh, R.P. R.D. Tripathi, S.K. Sinha, R. Maheshwari e H.S. Srivastava. (1997). Resposta de plantas superiores a ambientes contaminados com chumbo. Chemosphere. 34:2467-2493.
Singh, V. e A.N. Garg. (2006). Disponibilidade de oligoelementos essenciais em cereais, legumes e especiarias indianos utilizando INAA e a contribuição das especiarias para a ingestão alimentar diária. Food Chemistry. 94 (1): 81-89.
Siramon, P., Y. Ohtani e H. Ichiura. (2013). Composição química e propriedade antifúngica dos óleos de folhas de *Eucalyptus camaldulensis* de Thailan. Rec. Nat. Prod. 7(1): 49-53.
Sizer, F. e E. Whitney. (2003). Nutrition concepts and controversies, 9th Ed, Thompson Wadsworth. Canadá. pp# 284.
Sofowora, A. (1993). Medicinal Plants and Traditional Medicine in Afric. John Wiley and son Ltd. pp#150-153.
Sofowara, A. (1993). Medicinal plants and Traditional medicine in Africa (Plantas medicinais e medicina tradicional em África). Spectrum Books Ltd, Ibadan, Nigéria. pp# 289.
Sohn, H.Y., K.H. Son, C.S. Kwon, G.S. Kwon e S.S. Kang. (2004). Atividade antimicrobiana e citotóxica de 18 flavonóides prenilados isolados de plantas medicinais; *Morus alba* L, *Morus mongolica* Schneider, *Broussnetia*

papyrifera (L.) vent, *Sophora flavescens* Ait e *Echinosophora koreensis* Nakai. Fitomedicina. 11:666-672.
Souza, J. F., H. Dolder e A. L. Cortelazzo. (2005). Efeito do Excesso de Íons Cádmio e Zinco em Raízes e Brotos de Plântulas de Milho. J. Plant Nutr. 28: 19231931.
Soxhlet, F. (1879). Die gewichtsanalytische Bestimmung des Milchfettes, Polytechnisches J. (Dingler's). 232, 461.
Stockinger, H.E., (1981). Os metais. In: Clayton GD, Clayton FE, eds. Patty's industrial hygiene and toxicology, 3ª ed., Vol. 2A. Vol. 2A. Nova Iorque, NY, John Wiley. pp# 1493-2060.
Sun, D. e G.R. Dickinson. (1995). Efeitos da salinidade no crescimento das árvores, na distribuição das raízes e na transpiração de *Casuarina cunninghamiana* e *Eucalyptus camaldulensis* plantados num local salino no norte tropical da Austrália. Forest Ecol. Manag. 77: 127-38.
Sunderman, F.W.Jr., (2004). Nickel, In: Elements and their Compounds in the Environment, 2[n] Ed., Editado por Merian E., Anke M., Ihnat M., Stoepler M., Wiley-VCH, Weinheim. pp#841-865.
Svetkova, K. e A. Fargasova. (2007). Fitotoxicidade das águas residuais de lavagem de uma linha de produção de cutelaria. Bull. Environ. Contam. Toxicol. 79: 109-113.
Takacs, S. e A. Tatar. (1987). Environ. Res. 42, 312.
Takahashi, T., R. Kokubo e M. Sakaino. (2004). Actividades antimicrobianas de extractos de folhas de *eucalipto* e flavonóides de *Eucalyptus maculate.* Cartas em Microbiologia Aplicada. 39(1):60-64.
Terras, F.R.G., K. Eggermont, V. Kovaleva, N.V. Raikhel, R.W. Osborn, A. Kester, S.B. Rees, S. Torrekens, F. Vanleuven, J. Vanderlayden, B.P.A. Cammue e W.F. Broekaert. (1995). Pequenas proteínas antifúngicas ricas em cisteína do rabanete. O seu papel na defesa do hospedeiro. 7: 573-588.
Thiruppathi, S., V. Ramasubramanian, T. Sivakumar e V. Thirumalai. (2010). Atividade antimicrobiana de *Aloe vera* (L.) Burm. f. contra microorganismos patogénicos. Jornal de Investigação em Biociências. 1(4):251-258.
Trease, G.E. e W.C. Evans. (1989). Pharmacognosy (13th edition). Sociedade de Livros de Língua Inglesa, Bailliere Tindall, Grã-Bretanha. pp#378,386 - 480.
Trease, G.E. e W.C. Evans. (1992). Pharmacognosy. (13th edition). Livro em inglês, Society Baillere Tindall, Oxford University. Press. pp#17-147.
Trease, G.E. e W.C. Evans. (2006). Pharmacognosy. Nova Deli: Elsevier Publication, A Division of Reed Elsevier India Private Limited. pp#3-4.
Ultee, A., M.J.H. Bennik e R. Moezelaar. (2002). O grupo hidroxilo fenólico do carvacol é essencial para a ação contra o agente patogénico de origem alimentar Bacillus cereus. Applied and Environmental microbiology. 68: 1561-1568.
Departamento de Agricultura dos Estados Unidos. Directrizes dietéticas para os americanos (2010). Acedido em:

http://www.cnpp.usda.gov/DietaryGuidelines.htm.
Usman, H., F.I. Abdulrahman e A.A. Laden. (2007). Avaliação fitoquímica e antimicrobiana de *Tribulus terrestris*. Jornal de Investigação de Ciências Biológicas. 2(3):244-247.
Usman, H. Fl Abdulrahman e A. Usman. (2009). Rastreio Fitoquímico Qualitativo e Efeitos Antimicrobianos In Vitro do Extrato de Casca de Caule em Metanol de *Ficus Thonningii* (Moraceae). Jornal Africano de Medicinas Tradicionais, Complementares e Alternativas. 6(3): 289-295.
Vaneesa, G., C.Z. Stuker, G.O.C. Dias, I.I. Dalcol, R.A. Burrow, J. Schmidt, L. Wessjohann e A.F. Morel. (2008). Alcalóides quinolénicos de *Waltheria douradinha*. Phytochemistry. 69(4):994-999.
Veerachari, U. e A.K. Bopaiah (2011). Avaliação fitoquímica preliminar do extrato de folhas de cinco *espécies de Cassia*. Jornal de Investigação Química e Farmacêutica. 3(5):574-583.
Vuorela, S., K. Kreander, *M.* Karonen, *R.* Nieminen, *M.* Hamalainen, A. Galkin, L. Laitinen e Salminen. *A.* Galkin, *L.* Laitinen *e* Salminen (2005). Avaliação pré-clínica de fenólicos de colza, framboesa e casca de pinheiro para efeitos relacionados com a saúde. J Agric Food Chem. 53:5922-5931.
Whitney, E.N. e S.R. Rolfes. (2005). Understanding Nutrition, 10th ed., Thomson/Wadsworth Publishing Co. Thomson/Wadsworth Publishing Co., Belmont, CA.
Wood, R.J. e A.G. Ronnenberg. (2006). Ferro. In: Shils, M.E., Shike, M., Ross, A.C., Caballero, B. e Cousins, R.J. (eds). Modern nutrition in health and disease, 10th Ed. Philadelphia, Lippincott Williams & Wilkins. pp# 248270.
Organização Mundial de Saúde. (1995). Chumbo inorgânico. Genebra, (Critérios de Saúde Ambiental, n.º 165).
Organização Mundial de Saúde. (1998). Métodos de Controlo de Qualidade para Materiais de Plantas Medicinais; OMS Genebra: Suíça.
Organização Mundial de Saúde (1998). Métodos de Controlo de Qualidade para Materiais de Plantas Medicinais. OMS Genebra. Suíça.
Organização Mundial de Saúde. (2007). Health risks of heavy metals from long range trance boundary air pollution (Riscos para a saúde dos metais pesados decorrentes da poluição atmosférica de longo alcance. Grupo de Trabalho Conjunto da OMS/Convenção sobre os Aspectos Sanitários da Poluição Atmosférica, Scherfigheg 8D
K-2100
Copenhaga, Dinamarca, Organização Mundial de Saúde. pp#1, 2, 5, 24-34, 65-70.
Yamakoshi, Y., M. Murata, A. Shimizu e S. Homma. (1992). Isolamento e caraterização de compostos antibacterianos macrocarpais B-G de *Eucalyptus macrocarpa*. Bioscience, Biotechnology and Biochemistry. 56:1570-1576.
Yip, R. e P.R. Dallman. (1996). Ferro. In: Ziegler, E. E. e Filer, L. J. (eds). Present knowledge in nutrition, 7th Ed. Washington, DC, ILSI Press. pp#

277292.
Zahid, D.M. e R. Ahmad. (2002). Efeito da idade do *eucalipto* cultivado na qualidade da madeira e sua utilização no Paquistão. Revista Internacional de Agricultura e Biologia. 4: 315-317.
Zavaleta-Mancera, H. A., J. L. Ruvalcaba-Sil, G. Sanchez-Viveros e C. Gonzalez-Chavez. (2007). Análise micro-pixe da distribuição de metais pesados em *Eucalyptus camaldulensis*, plantas que crescem numa área de resíduos mineiros. Ata Microscopica. 16(1-2): 103-104.

Índice

MIX
Papier aus verantwortungsvollen Quellen
Paper from responsible sources
FSC® C105338

Printed by Books on Demand GmbH, Norderstedt / Germany